JN197859

「食」の図書館

ラム肉の歴史

LAMB: A GLOBAL HISTORY

BRIAN YARVIN
ブライアン・ヤーヴィン【著】
名取祥子【訳】

原書房

目次

第4章　現代のラム肉　103

第5章　未来の肉――小規模畜産の復活　128

［……］は翻訳者による注記である。

序章◉ラム肉とは何か

ラム肉。それは、チャレンジ精神あふれるシェフや料理コンテスト番組の出演者が好んで選ぶ肉だ。その一方、肉好きでありながらラム肉には触れようとさえしない人もいる。どうやらラム肉には、人の心を刺激する何かがあるようだ。ただしそれは世界中にあるわけではない。南アジアの人々は好んでラム肉を食べるし、イギリスの目抜き通りに店をかまえる精肉店はどこもラム肉を扱っている。

　私たち現代人は、羊が放牧されている風景に出くわすと、自分が無秩序に広がる都市部を遠く離れ、人間が自然とともに昔ながらの生活を営む場所にたどり着いたのだと思うものだ。北アメリカでは、ラム肉、羊乳《ようにゅう》チーズ、ウールの販売業者が、いまふうのファーマーズマーケット［生産者が消費者に直接生産物を販売する場所］にふたたび参入しはじめている。

米ニュージャージー州バーニングハート・ファームで放牧されている羊

米バーモント州のデイスプリング・ファームの雄羊

では、ラム肉とは具体的に何を指すのか。それは、生後12か月未満の子羊の肉である。よってラム肉は、豚、牛、さらには成羊《せいよう》からとれる肉に比べると量が少ない。ラム肉はきわめて質が高く、しかも羊はかなりせまい牧草地でも飼育できる。現代の小規模農家にとっては、まさに理想的な肉といえよう。

子羊が小規模農家に最適なのとまったく同じ理由で、初期の農耕社会でも羊は重宝された。羊は育てやすく、物々交換するのも容易だった。草だけで大きくなり、しかもわずかな牧草地さえあれば贅沢《ぜいたく》なご馳走へと姿を変える。牛のように広大な牧草地が必要なわけでもなければ、豚のように飼料を次から次へと与える必要もない。

人間が食べる羊肉はラム肉だけではない。1歳を迎えてから屠《ほふ》られるマトンは、かつては世界中でもてはやされていた。いまでもマトンはアフリカ、アジアの一部、ラテンアメリカで食され、イギリスでも、英国皇太子《プリンス・オブ・ウエールズ》の後押しを受けてマトン人気が再燃している。それでも、人気においてはラム肉に遠くおよばない。スープ、シチュー、串焼き、バーベキューグリルなど、ラム肉はいたるところにあふれている。目を閉じて、アルプス山村の大衆食堂《トラットリア》のラムチョップ［あばら骨付きの羊肉］のグリル、西安《せいあん》の屋台のスパイシーなラム肉を使った麺類、パキスタン料理店のラム肉のサモサ、「バターと塩コショウで味つけした」と作家ジェイムズ・ジョイスが語ったマトンの腎臓のグリルなどを想像していただきたい。

7種類のラム肉料理を描いた版画。ジュール・グーフェ『料理の本 *Le livre de cuisine*』（1874年）より。

ラム肉はまさにグローバルな赤身肉なのだ。

ラム肉は、食料であり、隠喩《いんゆ》、神話でもある。およそ1万年前に家畜化されて以来、羊はさまざまな聖典や文学や文化に登場してきた。金羊毛《きんようもう》［ギリシャ神話に登場する秘宝のひとつ］、子羊の血［キリスト教において子羊は主イエス・キリストを指し、子羊の血はイエスが十字架で流した血を意味する］、『ラム・ライズ・ダウン・オン・ブロードウェイ』［イギリスのプログレッシブロックバンド、ジェネシスのアルバム。邦題は「眩惑のブロードウェイ」］などがその例だ。

さて、ここからはじっくり腰を据えてラム肉の意味と歴史を見ていこう。これがなかなか興味深い物語なのだ。

中世の屠畜のようす。『健康全書 *Tacuinum sanitatis*』（14世紀）より。

第1章◉羊とラム肉

◉羊の家畜化

いまから1万年から1万1000年ほど前、ハンターたちは「メェー」という聞きなれない鳴き声を耳にした。彼らの獲物である野生の羊はおくびょうで、たいてい、人間にはとても立ち入ることができないような険しい岩だらけの山に生息している。彼らが鳴き声を聞いておどろいたとしても不思議ではない。

鳴き声の主がけがをした羊だと知ったハンターたちは、「きょうは簡単に食事にありつけそうだぞ」と思いながら羊にそっと近づいた。苦しむ羊が身ごもっていることはすぐにわかった。はじめは、その場で羊の息の根を止めて楽にしてやるつもりだったが、思い直して野営地まで連れて帰り、回復するまで世話をすることにした。なんという名案。羊が子供を産んだら狩りにいく手間がはぶけるし、たとえ死んでしまったとしても1頭分の食料は確保できる。彼らは弱った羊を連れて帰り、やがて2頭の子羊が生まれた。こうしてハンターたちは、はじめて羊の家畜化に成功し、立派な羊飼いとなったのである。

子羊が生まれると、それまでハンターが抱いていた羊のイメージはがらりと変わった。羊は従順といえるほどおとなしくて飼育に手間もかからず、とくに対策をとらずとも自然と群れをつくる。問題があるとすれば、最初につかまえた羊の繁殖方法だった。多様性を重視して別の羊をつかまえてくるべきか、それとも近親交配ですませるべきか……？

羊の家畜化と繁殖（まさに狩猟採集社会から農耕社会への移行）は、発見というよりひとつの判断の結果だったのかもしれない。もちろん、人類の祖先は動植物の繁殖をみずからコントロールしようとするずっと前からその仕組みを理解していた。だから、まったく別のシナリオだってありえただろう。ある日、雌《めす》の羊を追っていたハンターたちが、獲物を追い詰めると、いつものようにその場で殺すのではなく、生きたまま連れて帰った。もうひとがんばりして雄《おす》の羊を生けどりにして2頭を交配させれば、狩りをせずに羊の数を増やせる。当然ながら、生きた羊を何頭か捕獲し、繁殖させて子羊を手に入れるのは、狩りのたびに獲物を殺すよりもはるかに効率的だ。

太古の人類が具体的にどのような方法を用いて羊の家畜化に成功したかはさておき、ここで私たちが目を向けるべきは、彼らの意図だ。ほんの数頭だけ飼うつもりだったのだろうか？　それとも、大規模に飼育しようとしていたのだろうか？　囲いづくりからはじめた？　羊を扱う新しい職業の誕生を予測していた？　さらに、野生だった動物をどのようにして繁殖させたのだろう？　最初のうちは、つかまえた羊たちをうまく交配させられなかったに違いない。とはいえ、羊の交配はけっして難しくないので、さほど時間をかけずに成功したことだろう。

太古の人類はすでに羊肉を食料としていたのだろうか？　成羊よりも小さくて若い子羊の肉は風味がよく、やわらかいことを知っていたのか？　狩猟民である祖先は記録するすべを持っていなかったため、実際のところ何を考えていたのかはわからない。なにしろ、レシピや料理書、それどころか文字が登場する何千年も前の話なのだから。

◉狩猟採集社会から農耕社会へ

私たちの祖先は、狩猟民であると同時に採集民でもあった。太古の人類が穀物を食していたことを示す証拠は数多くあるが、それだけでは彼らが穀物を採集していたのか、それとも栽培していたのかはわからない。遺跡や遺物の研究によれば、人類が栽培技術と羊を家畜化する方法を発見したのは、ほぼ同じ時期、ほぼ同じ場所であったことがわかる。しかし、植物の栽培と牧畜のどちらが先であったかはいまも謎のままだ。

古代文明は、栽培と牧畜のおかげで得た肉、穀物、野菜のバランスのとれた食生活に支えられていたものの、生産と保存方法についてはまだ試行錯誤の段階であったと想像できる。よくわからないながらも、誰かが何かしらの方法で羊の家畜化に成功し、人類は狩猟採集社会から農耕社会へと移行していったのだろう。

最初のうち、羊は安定した肉の供給源と認識されていたが、飼育者がその扱いになれると、羊の腱《けん》を利用して糸、縄、弓のつるなどがつくられるようになった。さらに、毛は羊毛《ウール》として、皮は最初はそのまま使われ、やがてなめしなどで加工された革、さらには羊皮紙《ようひし》［書写に用いられる、加工された皮。実際には紙ではない］として利用された。脂肪までもが活用され、鎮痛剤《バーム》やロウソクの材料になった。さらに、ちょっとした努力とアイデアで、食料、薬品、衣服、靴、入れ物、ラグ、テントだってつくることができた。

家畜化された羊は十分人間に慣れていたので、搾乳《さくにゅう》することもできた。こうして人類は、水以外の飲み物、さらにはヨーグルトとチーズを手に入れた。その頃の羊は毛刈りが不要だったため、現代の羊よりも手間がかからないという面もあった（古代種の羊の毛は何もしなくても毎年2回抜け、良質な毛を提供してくれた)。それ以外にも、羊にはさまざまな用途があった。角《つの》は立派な杯になるだけでなく、楽器にもなった。1頭の羊を草が生えた場所に連れていくだけで、人類は石器時代から脱却し、狩猟採集していた頃がやや時代遅れに思えるまでに進化した。

羊には取扱説明書などついていない。死んだ羊からそっくりはぎ取った、モコモコの毛がついたままの皮を着るのではなく、生かしたまま毛だけを集めようと誰かが思い立ったのは、羊を飼育するようになってからのことだ。羊乳を試すという、毛刈りとは違う度胸が必要な場面もあっただろう。羊の飼育や毛刈りに関する情報は、試行錯誤のたまものである。最高の風味と質の肉を効率よく得るには、どのタイミングで屠《ほふ》るのがベストかという重要な問題の答えも、こうした努力の末にもたらされた。

人類が狩猟採集時代に捕獲していた成熟した野生の羊の肉は、風味は豊かだが手に入れられるチャンスは稀《まれ》で、しかも非常に硬かった。だが、飼育された羊の肉はまったくの別物だった。風味はマイルドで肉質はやわらかく、羊飼いが監視の目を光らせるあいだも羊は自然と数を増やしていった。羊飼いはまさに、牧畜の確立とともに生まれた新しい職業だった。

人間の介入は羊にとっても好都合だった。人間が身のまわりの世話を引き受けたことで、羊は野生では実現できない規模で繁殖した。けがや病気をしても治してもらえるばかりか、

イラン、ペルセポリスのダレイオス1世宮殿を飾る、子羊を捧げる人物のレリーフ。紀元前5世紀。

米バーモント州デイスプリング・ファームで放牧中の羊

最良の放牧地に連れていってもらえる。それだけでなく、羊飼いと牧羊犬《ぼくようけん》は立派に捕食動物から守ってくれた。なかには野生に戻った羊もいただろうが、ほとんどの羊が「世界初の家畜」という新たな役割を進んで受け入れたのだった。

羊が家畜化されるまでの経緯についてはまだわかっていない点もある。しかし、その場所がイランのザグロス山脈であることはほぼ間違いない。標高3000メートル以上の山々も多くあるザグロス山脈は、ロッキー山脈やアルプス山脈の乾燥地帯版と想像してもらってさしつかえない。ザグロス山脈は、羊と羊飼いに格好の、まばらに草が生えた未開の地を提供してくれた。

●羊の特徴

野生の羊と比較対照するのに十分な数の家畜を安定して供給できるようになると、太古の飼育者は羊についてもっとよく知ろうとした。モコモコの毛に覆われた動物で「メェー」という特徴的な鳴き方をする、という基本的なことは誰もが知っての通りだ。さらに、当時の人々も、羊が草だけで大きくたくましく成長することも知っていた。羊は、人類が唯一飼育していた犬とは明らかに別の生きものだった。羊は人間になつこうとしないし、犬のように助けてもくれない。羊は、あくまで自分たちのペースで生きる、肉、乳、羊毛の供給源だった。

犬と違い、羊は人間と食料を取り合うこともなかった。犬はエサをねだったかもしれないが、羊は寡黙だった。実際、羊を飼育するには牧草が生えていれば十分だった。もし草がなくなれば、別の場所に移動すればよい。羊は収穫作業でも力を発揮したので、人類初の農具や鎌などは羊のあごのかたちに似せてつくられた（こうした道具には羊の歯のような小さな刃までついていた）。人間は、羊をモデルにさまざまなものをつくりだしていった。

太古の農場には羊しかいなかったと言ってよい。当時存在した動物由来の農産物といえば、せいぜいが羊の肉、乳、皮、腱《けん》、角《つの》ぐらいだった。大麦や小麦などの穀物の収穫期がおとずれると、羊は肥料も供給してくれた。こうして、子羊《ラム》の祖先——険しい岩山に暮らす羊（学名 *Ovis aries*）は、正真正銘の家畜となった。

◉「ラム」と「マトン」

いまでは、欧州連合（ＥＵ）やアメリカ食品医薬品局（ＦＤＡ）などの機関が「ラム」と「マトン」を明確に定義していて、なかには「ラム」と呼ぶには成長しすぎているものの

ラルサ王朝時代の石碑にきざまれたブイヨンのレシピを現代ふうに再現したもの

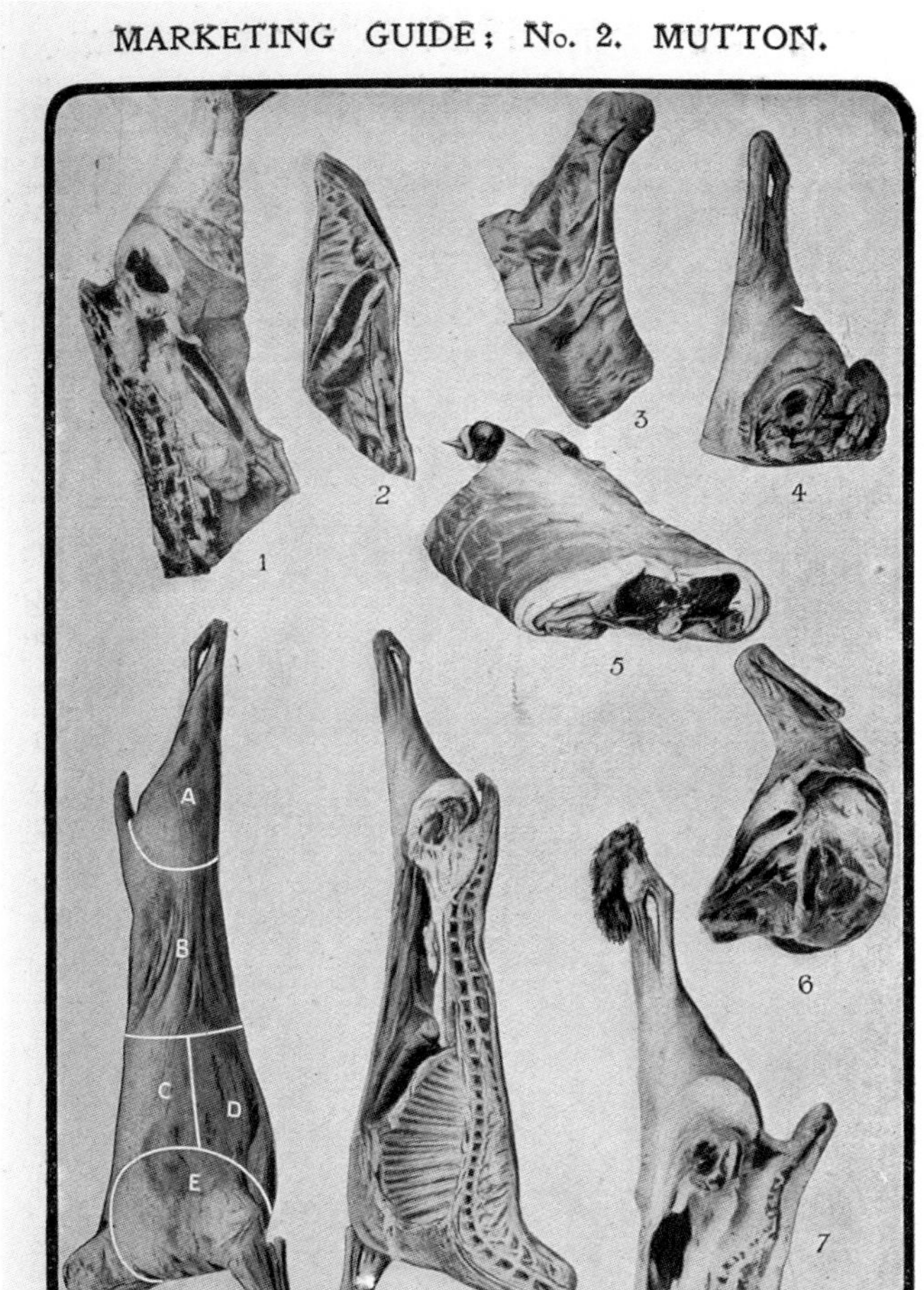

マトンのさまざまな部位。『ビートン夫人の家政読本 *Mrs. Beaton's Book of Household Management*』（1907年版）より。

「マトン」と呼ぶには幼すぎる羊を指す、「ホゲット」という中間カテゴリーまで設けている国もある。しかし、こうした定義は昔から一貫していたわけではない。たしかに、メソポタミア（現在のイラク）のラルサの人類最古の羊飼いたちも、FDAの規約通りに子羊が1歳を迎えるのを待って屠っていたのかもしれない。しかしほかの事例に目を向けると、必ずしも一貫性があるとは言いがたい。文献によっては、「子羊の丸焼きがたった4人の腹を満たした」と書かれているものもあれば、「20人の食事をまかなった」という記述もある。こうした例は枚挙に暇がない。屠畜《とちく》した動物の年齢と体重をこと細かに記した農家や厨房の記録などの資料も存在する一方で、レシピに書かれている羊が現代の成羊を指しているのか、子羊を指しているのかさっぱり見当がつかない場合もある。

羊なしにラム肉は存在しない。そしてたいていの場合、「ラム」という言葉は、現代的な食べ方をする場合に使われる。成熟した羊の肉、マトンを好む人もいるが、ラムチョップやラムのすね肉、もも肉、肩肉、そして場合によってはミンチなどの方法で子羊を食す方法が、いまでは一般的である。

第2章◉ラム肉の調理法の歴史

◉調理法の歴史

2頭の子羊が木造の家畜小屋にいるのを想像してみよう。小屋のそばでは、太古の羊飼いがぬくもりを求めて火をおこそうとしている。突然、火の粉が飛び、小屋に燃え移った。羊飼いはただちに小屋のなかの羊を助けに向かおうとした。そこへ肉が焼けるにおいがふんわりと漂ってきた。かくして人間は〝調理〟することを知った。

この物語は完全な史実というわけではないが、この説に信憑性があると考える考古学者は多い。いずれにしろ、どこかで誰かがはじめて意図的に肉を火にかけて、調理することを発見したはずなのだ。専門家のなかには、調理の発見が「羊が家畜化されるよりもずっと昔だ」

と考える者もいれば、「家畜化のずっとあと」だと主張する者もいる。ラム肉の歴史を知るには、羊飼いの歴史だけでなく、調理法の歴史を知っておく必要がある。

最初期の農耕民の生活跡周辺からは、子羊の骨が発見されている。イラク北部のザグロス山脈にあるシャニダール洞窟では、羊は1歳になると屠られていた。これは、偶然ではないだろう。なにしろ、今日でも世界中のほとんどの地域で、まったく同じことが行なわれているのだ。

はじめて「子羊」が定義されたのは9000年前のことなのである。その後、まもなくして子羊は動物というより「材料」として認識されるようになり、子羊の肉は世界中で幅広く消費されるようになった。子羊はいつから、カレー、ケバブ、ひいてはランカシャー・ホットポット［ラム肉、タマネギ、ジャガイモを陶器の深鍋に入れてオーブンで焼いたイギリスの伝統料理］の材料として使われるようになったのだろう?

ザグロス山脈で生まれた人類初の料理は、洗練されているとは言いがたいものだった。どうやら、太古の人類は肉を焼く以外の調理方法を知らなかったようだ。煮る、炒める、ソテー、シチューなどが発明されるのは、それから何千年もあとのことである。それでも、太古の住居跡から黒焦げで発見された羊の骨の山が証明してくれるように、直火《じかび》であぶったラム肉のローストは太古の人類のお気に入りだったようだ。

鍋いっぱいのフランスの伝統的なラム肉のシチュー、ナヴァラン・プランタニエ。

◉最古のレシピ

文字に記された世界最古のレシピは、メソポタミア南部のラルサから出土した紀元前17世紀の粘土板までさかのぼることができる。この粘土板に書かれていたのは「ラム肉のブイヨン」というハーブのスープのレシピだ。材料は、細かく砕いた穀物を薄く丸くしたもの、タマネギ、コリアンダー（シラントロ）、クミン、ポロネギ、ニンニク。このスープは、ブイヨン――透き通った金色のブロスやコンソメキューブからつくる塩味のきいたスープ――というよりは、いまでいう肉を蒸し煮にしたシチューに近いかもしれない。

その2000年後に記された『アピキウスの料理帖』として知られるローマ時代のレシピ集は、丸ごと1章をラム肉のレシピに割いている。そこに登場する「ラム肉とマメ」というレシピは、現代の田舎風フランス料理の先駆けである。

ザグロス山脈で子羊がローストされていた時代から数千年後のラルサで書かれた「ラム肉のブイヨン」のレシピは、当時の人々がどのようにラム肉を食していたかをかなり具体的に教えてくれる。調理時間こそ書かれていないものの、記されている情報から、湿式《しっしき》加熱調理法［水や水蒸気を使って食品を加熱する調理法］で時間をかけて煮込んでいたことが十分に推測できる。タマネギ、コリアンダー、クミン、ポロネギといったラム肉以外の材料は、レシピ発祥の地ではいまでも一般的に使われている。

では、残りの「細かく砕いた穀物を薄く丸くしたもの」はどうだろう。当時の人々は、全粒粉をレンガ状にした「穀物ケーキ」として保存していた。この「穀物ケーキ」をコトコト煮たブロスに加えると、粘りやとろみが出るだけでなく、風味にアクセントが加わる。いまでは地元でも「穀物ケーキ」は使われていないものの、それ以外の材料の味は当時とほとんど変わっていないはずだ。

そしてどうやら、ラルサの人々が食べていた料理は、今日「スコッチブロス」と呼ばれているラム肉のブロスを使ったスコットランド料理によく似ているようだ。クミンやコリアンダーはスコットランド北西部のハイランドで昔から一般的に使われてきた食材ではないかもしれないが、タマネギとポロネギはおなじみの食材だ。また、スコットランドの人々には砕いた「穀物ケーキ」を食べる習慣はなかったが、「スコッチブロス」では、大麦がその役割を果たした。

その後、メソポタミアの人々が肉牛、山羊《やぎ》、アヒル、ガチョウを家畜として飼育するようになるまでさほど時間はかからなかった。だからといってラム肉が廃《すた》れたわけではない。メソポタミアの人々は羊を飼育し、食し、ほかの部族に遭遇したときには羊の飼育をすすめた。

クロアチアのポレチュにあるエウフラシウス聖堂の心房の壁を飾る、神の子羊（Agnus Dei）のハーフレリーフ。

◉エジプト

メソポタミアのやや西に位置するエジプトの食生活も同じようなものだった。当然ながら、ジャガイモ、トウガラシ、トマトなどの現代の中東料理でおなじみの材料は、この頃はまだ新世界［南北アメリカ大陸］から旧世界に伝わっていない。それでも、エジプトにはすでに幅広い材料がそろっていた。古代エジプトの人々はコリアンダーやクミンなどのスパイスとニンニクを使ってラム肉を調理した。さらに、オクラ（レディーフィンガー）、ポロネギ、タマネギなどの野菜やヒヨコマメなどの中心的な食材を小麦や大麦などのでんぷんと一緒に摂ることで、風味豊かで飽きない食生活を送っていたのだ。

当時の芸術作品には、長細いタジン鍋におどろくほどよく似た、首の部分が細くて背の高い容器を使って調理しているようすが描かれている。タジン鍋とは、現代の北アフリカでラム肉などの素材をメインにしてシチューなどをつくるのによく使われる粘土製の深鍋である。

エジプトのナイル渓谷でもメソポタミアと同じように羊が飼育されていた。ここでは一年を通して羊を同じ場所で放牧でき、夏は山岳地帯へ、冬は再び平地へと移動を繰り返す必要がない。当時のエジプトはすでに完全な農耕社会となっており、狩猟採集は以前ほど重要な仕事ではなくなっていた。

◉聖書のなかの羊

聖書を読んだことのある人なら、子羊や羊を使った暗喩が数多く登場するのをご存じだろう。いずれも非常に印象的だが、ラム肉を食べる習慣について何よりもよく教えてくれるのは、旧約聖書の「出エジプト記」である。当時の人々は羊と山羊を家畜として好み、子羊は神聖な動物であると同時に主要な肉でもあった。出エジプト記では、ヘブライの人々がエジプトを離れて「約束の地」を目指すようすが描かれている。

人々は羊の群れとともに移動し、無醗酵のパンとラム肉のローストという主食が、旅する人々を支えた。旧約聖書には、60万人の男性とその妻子が羊の群れとともに旅をしたと記されている。おそらく数百万頭の羊の群れは、十分な量のラム肉、羊乳、ウールの供給源となったことだろう。

現代のユダヤ教徒は、出エジプトを過越《すぎこし》というかたちで祝う。過越の祭りでもっとも重要なのが儀式的な晩餐「セーデル」だ。セーデルでは、出エジプトの物語に欠かすことができない食材が食卓の主役となる。なかでも一般的なのは、子羊の骨付きすね肉を焼いた「ゼローア zeroah」だ。子羊は生贄《いけにえ》としての当時の役割を連想させるのみならず、かつてのイスラエルの民が食したものを記憶にきざむために供される、と考えてさしつかえない。

子羊を載せた皿が置かれたテーブルをユダヤ教徒の一団が囲む過越のようすを描いた板目木版画。『聖人殉教者受難物語 *Passional*』（1552年）より。

子羊を使った生贄の儀式とそれに続く晩餐の習慣は、古代バビロニアまでさかのぼることができる。古代バビロニアにおいて王は神と同等の存在とされていたため、神に子羊を捧げ、王がそれを食べれば、神が生贄を受け取ったと見なされた。さらにいうと、屠られた子羊の肉の一部は、神殿に仕えていた人々に賃金として与えられたという。貨幣よりも羊のほうが多かった当時の世界において、羊は、賛美の手段、税金を支払う手段にぴったりだったのだ。紀元前516年頃、エルサレムに第二神殿が建立《こんりゅう》されると、人々は厳《おごそ》かな儀式によって生贄にされた子羊の一部を持ち帰り、家の外で直火で焼いて過越を祝うようになった。こうして、過越の祭りが広まった。まさに、「すべての飢える者を招いてともに食事をしよう」という、いまでは過越の祭りへの招待文句として定着した言葉を体現するものだったといえよう。

聖書のいたるところに子羊というシンボルがちりばめられていることを思うと、キリスト教の年間行事においてとくに神聖な祭日のメインディッシュのほとんどがラム肉であるのは、意外なことではない。

初期のキリスト教徒は、四旬節《しじゅんせつ》と呼ばれる復活祭のまでの数日間［開始日である「灰の水曜日」から復活節の日曜日を除いた40日間］断食し、断食明けにはじめて口にするのはラム肉だった。子羊はイエス・キリストとキリストの犠牲と春のおとずれの象徴だ。はやくも10世紀に

よい羊飼いこと、イエス・キリスト。イタリア、アクイレイアの総主教聖堂バシリカの床に描かれた初期キリスト教のモザイク画。

米ケンタッキー州ルイビルの聖母被昇天大聖堂の正面祭壇を飾る真鍮製の神の子羊（Agnus Dei）。

子羊を連れた聖アグネスの細密画が描かれたアルファベット。15世紀のドイツの聖歌集より。

「子羊」の詩。ウィリアム・ブレイク『無垢と経験の歌 *Songs of Innocence and Experience*』（1789年）より。

荒野の洗礼者聖ヨハネ。リンブルク兄弟『ベリー公のいとも豪華なる時禱書 *The Belles Heures of Jean de France, Duc de Berry*』（1404 ～ 1408年頃）より。

は、ローマ教皇のための復活祭の晩餐では、必ず子羊の丸焼きがテーブルに並んでいた。ただし、ラム肉とアーティチョークを使ったイタリアの伝統的な復活祭の料理は、イタリア半島で過越の日に供されてきた料理であることも忘れてはいけない。

◉中国

一方、地球の反対側の中国では、羊肉は疑いの目で見られていた。紀元前4000年頃から羊を飼育し、その肉を食していたにもかかわらず、当時の記録には、羊特有の鼻をつくような強烈なにおいについての否定的な言葉が並んでいる。だが、同時期の中国以外の場所でこうした指摘は見られない。

ここで生じるのが、「はたして、中国の人々が羊と呼んだ動物は、今日私たちが羊と呼ぶ動物と同一なのか?」という疑問だ。現代の中国語の辞書を引いてみると、「ヤギ」と「ヒツジ」を示す漢字はとてもよく似ている。中国語で「ヤギ」は「山の羊」と書くのだ。そのため、当時の人々のいう「羊肉」が山羊の肉を指している可能性は十分ありうる。

それでも羊は飼育され、中国の人々はラム肉を食べた。中国の農耕民にとってラム肉は、中国初の家畜である豚肉の添え物として便利だったのだ。宋の時代(960~1279年)

ラム肉と米を使ったウイグル料理

には、ラム肉は山羊肉や豚肉と並んでもっとも一般的な肉類のひとつになった。やがてモンゴルからやってきたフビライ・ハンが元王朝（1271～1368年）を築くと、羊は中国でもっとも重要な家畜として主役におどり出た。

また、マルコ・ポーロ（1254～1324年）も、中国への旅の途中の市場で子羊が屠られているのを目にし、ラム肉は「裕福な男と偉大なる君主のため」の肉である、と記している。さらに彼は、中国北部ではマトンの煮込みが主食であることも書き留めた。

高貴な身分でない者たちは、血と内臓でできたスープを食べていた。これこそまさに、内臓肉に対するもっとも古い偏見の一例だ。内臓料理は、富裕層にふさわしい洗練された一皿ではなくても、栄養は満点なのだ。当時はあらゆる階層の人がひんぱんにラムかマトンを食べ、羊の群れは詩歌にも登場した。中国の人々は食肉用の動物も自然の一部ととらえ、四季の移り変わり、風景、あるいはそのほかの自然現象と同じように動物たちを讃えた。

◉最古の郷土料理店

宋王朝時代には「人類最古」の地方料理店が出現し、おおいに栄えた。その頃の杭州《こうしゅう》［中国中西部に位置する、13世紀に隆盛を誇った中国八大古都のひとつ。現在は浙江《せっこう》省の省都］には、中国南部、現在の四川省、中国北部の料理を供する店が存在していた。当然ながら、中国北部の料理はほかの地域の料理と比べてはるかに多くのラム肉を使用していて、ラム肉の人気向上に貢献した。

さらに、宋王朝時代の杭州にはアラブの商人を筆頭に、数多くの外国人が居住していた。アラブの人々が自国の料理店を出店していたとしたら、そこでもラム肉がふるまわれていた可能性は高い。

杭州には、いまでいう高級料理店《ファインダイニング》もすでに存在しており、「ラム肉のミルク蒸し」なるじつに興味深い料理が出されていた。さらに、子羊のすね肉はレストランだけでなく、屋台でも食べることができた。おそらく、蒸し煮状のものを大量につくって売っていたのだろう。ラム肉を詰めた餃子を売る店もあった。

マルコ・ポーロが杭州を世界でもっとも偉大な都市と評した背景にはこの地の食文化の存在があったが、杭州で羊はきわめて重要な食材として重宝されていた。しかしながら、当時の書物で「マトン」や「ラム」と記されている羊肉が現代の定義に当てはまるかどうかはわからない。実際、生まれたての羊を「ラム」、それ以外を「マトン」と定義した例も見つかっている。

中国の貴族の女性を埋葬した紀元前2世紀の墓には、ラム肉をはじめとするさまざまな食

生の子羊のすね肉

材も一緒に埋められていた。墓にはありとあらゆる食料が山積みにされただけでなく、ラム肉とカブのシチューのレシピが書かれた竹簡《ちくかん》［古代中国で、紙が使用される前、文字を書くために用いられた竹の札。また、書かれたもの］もあった。それ以外にも、子羊の脇腹や腹肉を使うレシピなども一緒に埋葬されていた。

その頃、いまでも中国の人々にとって北部のイメージが強いラム肉の人気は北京へと広がり、そこで中国屈指の料理人たちが新しいレシピを考案した。細切りにしたラム肉をクミンとトウガラシで炒める「ラム肉のクミン炒め」は、いまでも大人気のウイグル料理だ。中国研究家のヘルベルト・フランケは、ラム肉を使った満洲料理のレシピをこのように翻訳している。

蒸したマトン

羊を丸ごと湯通ししてあくを抜いてから、頭、足、内臓などの部位を食べやすい大きさに切る。ダイコンソウ［学名 *Geum japonicum Thunb* 草の部分に苦味成分のゲウムビタ―、タンニン、ショ糖などを含む中国北部の多年草］少々、ぶどう酒、酢を肉の上から注ぎ、2時間以上漬ける。空の金属鍋に肉を入れる。薪《まき》を準備し、鍋のふたを粘土で密閉してから火をおこす。このとき、炎が強くなりすぎないように気をつける。肉に火が十分通るまで待つ。肉と肉汁を別の器に盛りつければ、できあがり。

ここで必然的に生じるのが、「このレシピで使われている羊は、マトンではなくラムなのではないか？」という疑問である。というのは、成羊を入れるにはとてつもなく巨大な鍋が必要なうえに、このレシピをもとに料理すると45キロ以上の蒸し煮ができてしまうからだ。

●ギリシャ

その頃ギリシャでも、羊と子羊は大活躍をしていた。ギリシャの人々は羊を飼育し、羊肉、羊乳、羊毛、皮、角を最大限に活用していたのである。今日のギリシャ料理を食べる誰もが口をそろえて言うように、ラム肉はずっと昔からギリシャの主食だった。古代ギリシャでは大半の人が地産食材で生活していたものの、暑く乾燥した気候と、ひんぱんに襲ってくる旱《かん》魃《ばつ》のせいで、ギリシャの大地は農耕に適してはいなかった。

しかしこうした状況でも羊は変わらず見事に仕事をこなし、まばらな草原からありとあらゆる品を人間に提供してくれた。オリーブ、ハチミツ、ワイン、魚醤《ぎょしょう》、松の実、酢などの調味料とコリアンダー、オレガノ、ディル、パセリ、ミントなどのハーブを組み合わせるこ

ペリアスの命令に従って金羊毛を持ち帰ったイアソンに花輪を捧げ、偉業を讃える天使。イタリアのアプーリアから出土した赤色のクラテール（大型のかめ）に描かれた作品。紀元前300 〜 240年頃。

とで、古代ギリシャの料理人たちは裕福な上層階級の人々のために洗練された料理をつくった。

社会階級の最下層にいた貧しい人々が肉にありつく機会は富裕層と比べてはるかに少なく、こうした人々は主に穀物や野菜の栽培に専念して生きていた。もっとも、家畜として飼われていたのは子羊だけでなく、豚、ウサギ、ニワトリやガチョウをはじめとするさまざまな鳥類も飼育されていた。ギリシャの人々が屠畜《とちく》行為を重く受け止めていたことにも注目しなければいけない。屠畜はつねに祈りと儀式とともに執り行なわれ、屠られた動物は神々への供《く》物《もつ》として扱われた。

だからといって、ギリシャの農耕民は子羊を手に入れるためだけに羊を飼育したわけではない。熱心にチーズやヨーグルトづくりに励んだ彼らにとって、羊は最高のミルクの供給源でもあった。ハードとソフト、両方のチーズが製造され、いまでは世界中の市場でギリシャ産羊乳を使ったフェタチーズが買える。

さらに、ギリシャ人は世界ではじめてソーセージを食べた人々でもある。ミンチにしたくず肉に塩と調味料を加えて子羊の腸や胃袋に詰めるという、ラム肉をおいしく食べる新しい方法、そして食材の優れた保存方法を発見したのだ。

◉古代ローマ

古代ローマの人々も同じようにラム肉を食べていた。「アピキウス」または「料理帖」と呼ばれる4～5世紀のレシピ集には、肉を使ったレシピがいくつも登場する。ラム肉を使ったレシピは少なくとも8つはあり、そのひとつであるクミンをきかせたブロスでラム肉を調理するレシピは、ラルサ（メソポタミア）の「ブイヨン」に酷似している。

そのほかにも、ラム肉をワイン、タマネギ、（ブラック）ペッパーで煮込んだレシピもある。鍋に肉とスパイスを一緒に放り込んだだけのもの、とあなどってはいけない。湯通しやルーを使ってソースに厚みを出すなど、高度な技術が使われていたのだ。

古代ローマ時代のレシピには、グリルとローストも登場する。最初にブロスと油でラム肉を蒸し煮にし、次にマリネにしてから、ようやく最後にグリルで仕上げ、マリネの漬け汁（マリネード）を使ったグレービーソースをかける料理がある。直火でローストしたラム肉でさえ、コショウ、ショウガ、ハーブで味つけされていた。

『アピキウスの料理帖』に登場するラム肉料理のなかでももっとも手の込んだもののひとつに、肉に傷をつけないように生まれたての子羊の喉元を切ってそこから骨を抜き取り、詰め物をして味つけしたものがある。ここでは、骨を抜き取った羊肉を煮てからアスピック［ブイヨンでつくった透明なゼリー」を添えて食べるフランス料理のガランティーヌに似た技術が使われている。この料理には、砕いたデーツを使う別バージョンもある。古代ローマの人々が今日の私たちから見てもきわめて高度な技術を使っていたことがわかる。

◉インド

紀元前3000年頃には、インド亜大陸にも農業とともに羊と子羊の飼育が普及している。農業の伝播は、インドにおける肉食習慣の激減という大きな変化をもたらした。人類史上はじめて、生命を十分に維持できるだけの作物の栽培が可能になり、肉に頼る必要がなくなったのだ。

とはいえインドの農耕民たちが羊の飼育や羊肉を食べる習慣を捨てたわけではない。紀元前500年頃に記されたヒンズー教の文献で「家庭の戒律」とも呼ばれる『グリヒヤスートラ *Grihya Sutras*』には、「こちらが牛と呼ばれるもの、こちらが山羊と羊と呼ばれるもの。私たちは、これらがもたらす食物という甘美なエッセンスを家庭で享受する」という記述がある。

インドの古い文献にはラム肉に特化した記述はあまりないが、14世紀にインドをおとずれたアラブ人旅行者の日記に興味深い記述がある。「晩餐の出席者ひとりひとりに1頭の6分の1から4分の1ほどの大きさの羊肉がふるまわれた」と旅行者は書いている。出席者たちが食べたのはラム肉だったか、さもなければ、みんなあきれるほどの大食漢だったということになる。

ムガール帝国時代（1526〜1857年）には、インド発祥のさまざまな種類のソースを新しい技術を使って煮込み料理に応用することで、まったく別の料理が誕生した。当時の人々は肉のなかでもラム肉をとくに好み、料理の主役とした。ミンチにしたラム肉を使ったシャミやシークケバブなどの串焼き、ラム肉の塊《かたまり》を使ったボティケバブ、ミンチにしたラム肉とエンドウマメを使ったキーママータというカレー、クリーミーなパサンダカレーなどが、続々と誕生した。

16世紀のポルトガル人探検家ドミンゴス・パイスは、インドの市場で売られているマトンが「豚肉と見間違えるほど清潔で、まるまると太っている」と、その質の高さにおどろいている。インドにおけるラム肉人気をふまえて、ラム肉愛好家であるイギリス人がその数百年後に昔と変わらない精肉店を発見したときの興奮をほんのひとときだけでも想像してみてほしい。

家庭のキッチンでラムドピアザ（ラム肉の汁なしカレー）をつくる。

◉イスラム世界

イスラム世界でもラム肉は好まれた。ラルサやバビロンの数百年後も、文明は現在のイラクの地で栄えつづけた。バグダッドの上流階級の人々は、おどろくほど多彩な調味料でラム肉を調理していた。イブラヒミヤと呼ばれる料理には、ラム肉、アーモンド、ブドウ、コリアンダー、シナモンが使われており、チーズやクミンを使うバリエーションもある。ラムのひき肉のミートボールは、イランの一般市民の大好物だった。

調理においてもありとあらゆる技術が用いられた。〝クルド族（人）の〟ラム肉、を意味するクルディーヤ（kurdiya）は、最初にスパイスを入れた熱湯で煮たラム肉の骨を抜き取り、ほんの少しの煮汁にコリアンダー、クミン、コショウ、シナモンを加えて味つけして、熱したごま油でゆっくりと煮込んでつくる料理だ。現在と同じように、ヒヨコマメと一緒にラム肉を煮込むのも当時からすでに一般的だった。

エジプト人もラム肉を食べつづけていた。6世紀からイスラム勢力による支配がはじまると、自宅で火をおこして自炊することなどできないくらい、カイロは人であふれかえった。人々は調理ずみの惣菜を買うようになり、なかでも串刺しにして焼いたラム肉は大人気だった。おいしいできあいの料理のおかげで、カイロはアラブ世界の食の中心地となった。

キッベ（中東版コロッケ）

ムスリムの料理人が2008年のイード・アル＝アドハー（犠牲祭）の際にラム肉を焼いているようす。イード・アル＝アドハーは、子羊やほかの動物を生贄とし、親戚、友人、貧しい人々に肉を配布して祝う祭日。

『千夜一夜物語』の語り手、ペルシャの王妃シェエラザードは、恋人のためにラム肉のローストをつくった商人の話も語っている。この物語に登場するラム肉のローストは、商人の手づくりではなく、おそらくテイクアウトだったことだろう。

古代エジプトの料理人は、調理前と調理後に肉の重さを量ることで肉の焼き加減を見きわめていた。重量が3分の1減れば、火が通った証拠。3分の1減っていなければまだ焼けていないと判断した。調理の過程で出た肉汁も肉とは別に販売されたので、むだになることはなかった。

中世のカイロのラム肉料理は、串刺しのローストだけではない。ラム肉はタンドールという円筒型の土製の窯《かま》で調理され、米を添えて供された。薄切り肉と穀物を煮込んだハリサというシチュー（スパイシーな北アフリカのハリッサという調味料とは別物）では、一般的にはラム肉が使われたものの、マトン、水牛、牛肉を使う場合もあった。ラム肉のソーセージも食べられ、また、子羊の胸肉にナッツやスパイスを詰めた料理や、現在のサモサに似た、ラム肉を詰めたパイ料理も食されていた。

ラム肉ソーセージ職人は――いつの時代もそうであるように――「ラム肉ではない水、内臓、牛やラクダの肉などを混ぜているのではないか」と疑いの目を向けられていたという。ソーセージ職人が市場に出店する際には、監視役がいつも目を光らせていられるよう、監視役の事務所の近くに売り場を出すことが定められていた。

イスラム世界において、子羊はただの肉ではない。信仰の証でもある。犠牲祭と呼ばれるイード・アル＝アドハーの際、信者は、神に命じられて息子を生贄にしかけたアブラハムを記念して、家畜（たいていの場合は子羊）を屠る。生贄にされた動物の肉はあますところなく活用され、3分の1が貧しい人々や食料を必要としている人々に与えられる。

ムスリムにとって、出産とは犠牲のとき、そしてラム肉を食べるときでもある。アキカー（5章参照）と呼ばれる儀式は、赤ん坊の誕生と命名を人々に知らせるものだ。昔から、赤ん坊が男児の場合は子羊2頭、女児の場合は1頭が屠られることになっている。アキカーは、動物が犠牲となる厳粛な場であり、食事を友人たちとともにする喜びにあふれた祝祭であり、肉の一部を貧しい人々とわかち合う施しの行為でもある。

●スコットランドとイングランド

人類初のソーセージ職人はギリシャ人だったかもしれないが、ケルトの人々もまた別の方法でラム肉のソーセージをつくっていた。内臓肉をつぶして子羊や羊の胃袋に詰め、屋内でおこした火であぶっては乾燥させ、燻製《くんせい》にしていたのだ。

バーンズ・ナイト（1月25日）の晩餐に並ぶスコットランドの定番料理、ハギス。

「ハギス」の呼び名で知られるこの料理は、いまでもスコットランドとイングランド北部でよく食べられている。たいていの場合、地元の人々は、最高のハギスをフランス料理のパテに並ぶものとして賞賛し、それ以外の大量生産製品についてはただの「羊のはらわた」と呼んではばからない。

スコットランド南部のアングロ・サクソン人も大々的に羊を飼育し、ラム肉を好んで食べた。中世イングランドにおいて羊は家畜の半分を占めていたため、遺跡を発掘すると子羊の骨がよく見つかる。当時の一大産業であったウール産業を支えていた労働者にとって、心のこもったラム肉のシチューが最高のご馳走だったことは容易に想像できる。

◉オスマン帝国

オスマン帝国（1299～1922年）の隆盛とともにコンスタンティノープル（現在のイスタンブール）に富が集中すると、まったく新しい料理が誕生した。トプカプ宮殿に保存されていた『一般的な食材について *The Description of Familiar Foods*』という14世紀の料理書の写本には、いかにもおいしそうなラム肉やマトン料理が紹介されているだけでなく、タンドールやタンドリー、あるいはタヌールとも呼ばれるオーブンの当時の使い方が記録されている。

レシピとしては、調味液に漬けてラム肉を煮る例が紹介されている。煮たラム肉はヒヨコマメとペースト状のクルミで覆われ、オーブンで焼かれる。大豆由来のソースやイナゴマメのシロップをはじめとする斬新な調味料も使われていたようだ。

現代の私たちが未開の森に覆われたヨーロッパの暗黒時代を思い浮かべるのはなかなか難しい。当時の村（といっても、城を守るように農民の小さな集落が周りにあるだけのもの）は、海のように広がる深い森に浮かぶ孤島のような存在だった。こうした村でも羊は子羊を生みつづけ、ウールをはじめとする羊ならではのさまざまな副産物をもたらした。

◉料理書から見るラム肉

14世紀になると、ヨーロッパでは料理書が多く書かれるようになった。タイユヴァンことギヨーム・ティレルの『食物譜 *Le Viandier*』は、伝統的なフランス料理の技術を細かく記した最古の料理書である。肉類のローストに関する章では、子羊を丸ごと湯通し――当時の鍋は巨大だったに違いない！――してから串刺しにしてローストせよ、と記されている。

ラム肉にはショウガ、シナモン、メース［ナツメグの仮種皮《かしゅひ》を乾燥させたもの］などのスパ

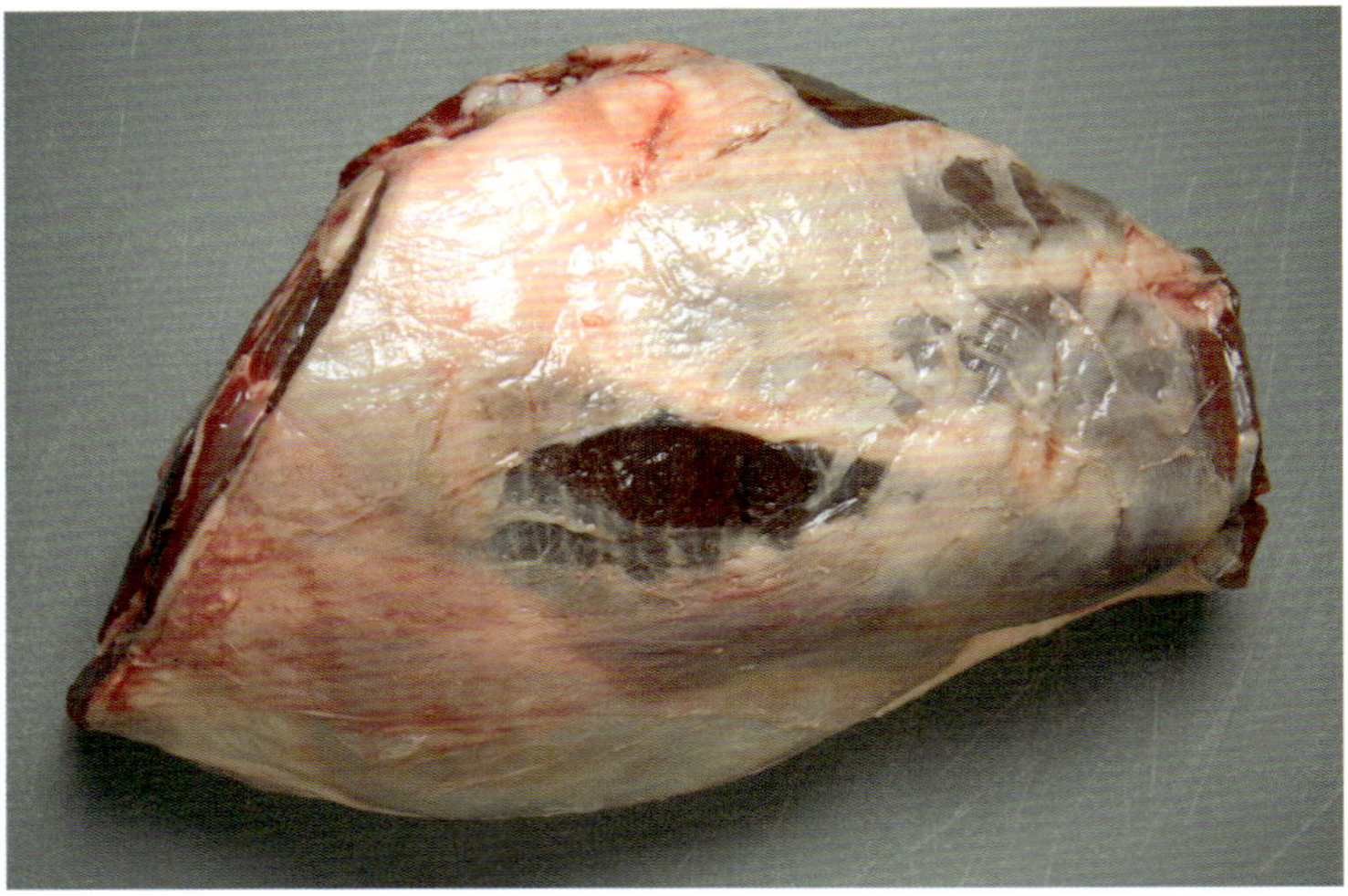

精肉店で購入した生のマトンのもも肉

イスを混ぜたカメリーヌ［金色のカメリーヌ（アマナズナ）油に似ていることから命名された中世ヨーロッパで一般的なソース］という、いまの私たちからしてみればまったくフランスらしからぬソースが添えられていた。それでも、わずか１００年後に登場するベネツィアのマトンのローストのレシピでは、肉にこすりつけるのに使うニンニクや、すりおろしたチーズにフェンネル（ウイキョウ）といった、今日の誰もがイタリアらしいと感じる素材が幅広く使われている。

たいていの人は、まさかフランス貴族の食卓にミートボールが並んでいたなんて思いもしないだろう。フランスのレシピ付き家政書『ル・メナジエ・ド・パリ Le Menagier de Paris』には、ラムのひき肉、豚肉、ハーブ、スパイスを混ぜてつくる「小さなリンゴ」のかたちをした「ポムロー（Pommeaulx）」のレシピが記載されている。使用するスパイスにショウガとクローブを加えれば、３００〜４００年後にイタリア半島南部に登場するミートボールとよく似た料理のできあがりだ。

同書には、ミートボールのほかにもラム肉、チーズ、パセリ、ヒソップ［別名ヤナギハッカ。芳香と苦味のあるシソ科の常緑亜低木］、セージ、卵、サフランを混ぜたミートローフのレシピも載っている。

羊はブリテン諸島の冷たく湿った気候でもすくすくと成長した。14世紀末に編纂された、英語で書かれた最古の料理書である『料理集 *The Forme of Cury*』には、中東料理を彷彿させるようなアーモンドやシナモンを用いたレシピが登場する。

◉変わるヨーロッパ

オスマンとムガールの両帝国が隆盛をきわめ、ルネサンスがヨーロッパをがらりと変えた頃、近代市民という新しい層が世界中で生まれようとしていた。彼らは、土地の所有者でもなければ農民でもなく、工房や商店に勤めたり、初期のサービス業に従事したりした。そして、羊の飼育とは無関係でありながらも、羊由来のすべての製品の消費者でもあった。ウール製の服を着、羊乳を飲み、当然ながらラム肉を食べたのだ。

『アピキウスの料理帖』が生まれてから千年の月日が経っても、イタリアの人々はアピキウスのレシピを使って料理をしていた。テレンス・スキャリーが翻訳した15世紀の匿名のイタリア人シェフの著書『クォーコ・ナポレターノ *Cuoco Napoletano*』には、マトンを使ったレシピが数多く登場し、当時のイタリア人がラム肉とマトンを区別していたことがうかがえる。しかし、彼らが「マトン」と呼んだのは、実際にはその他大多数の地域でラム肉と呼ばれていたものだったかもしれない。

青年が過越の子羊をローストするようすを描いたページ。装飾写本『バルセロナのハガダー *Barcelona Haggadah*』（1340年頃）より。

スキャリー訳のレシピには、ラムのひき肉、またはマトンを、塩漬けにした豚肉、卵、「良質なスパイス」と混ぜて雄羊の肩肉に詰めた、『アピキウスの料理帖』を連想させる使用例がある。要は、子羊の肉をそれよりも大きい羊に詰めて調理していたのである。

スペインもイタリアと同じ状況だった。古代ローマ人が彼らの料理を持ち込んだので、パン、チーズ、オリーブ、ワインといったスペインの食習慣は、じつはすべて古代ローマ時代を起源としている。

ユダヤ教の安息日の料理アダフィナは、もとをたどればスペインがルーツだ。ラム肉、タマネギ、ヒヨコマメをシチューにしたアダフィナは、じっくり煮込んだ肉と豆のシチュー、オジャ・ポドリーダ（『ドン・キホーテ』に登場する従者サンチョ・パンサの大好物）などのスペインの伝統料理と一見よく似ているが、カーシェール［ユダヤ教の食事規定］に従い、ラードの代わりにオリーブ油、豚肉の代わりにラム肉が使われている。

読者のなかには、いわゆる「地中海式食事法」が最近の流行だと思っている人もいるかもしれない。しかし、ドイツの料理書は、すでに16世紀からラム肉、ワイン、オリーブ油を使った食生活を推奨していた。そのほかのヨーロッパの地域同様、ドイツ人もまた大のラム肉愛好家だったのだ。

●中世の料理人

中世の料理人は、飢饉《ききん》にみまわれた土地で働くこともあっただろう。それでも、彼らはつねに料理を大量につくっていた。レシピには子羊を半分、あるいは丸ごと1頭を使うものが数多くあり、当時の帳簿には「1か月に何百頭もの子羊が屠られた」という記述もある。料理人たちはひとつの核家族のために料理していたのではなく、城や荘園《マナーハウス》に駐屯していた人々や軍隊の食事係の役割も担っていた。オランダの古都ハーレムに現存する1570年代の聖ヨハネの聖職禄《せいしょくろく》の複写からも、当時の献立を知ることができる。復活祭の前日には、「すべての領主」に、ほかの肉類と一緒に「1頭の4分の1のラム肉」と卵2個が与えられた、と記されている。当時の厨房は大人数を養っていただけでなく、領主にも大量の食料を提供していたのだ。

領主以外の人間もときおり肉にありつくことができた。ここでいう肉とは、おそらく、保存のためあらかじめ塩漬けにされた肉をボイルしたものだろう。そのため、肉料理といえば塩漬けのマトンという人も多かったはずだ。ヨーロッパの支配階級以外の人が食べていたものが記録されるようになるのは、それから数百年後のことである。そして、彼らが食べていたのもラム肉だったということが明らかになる。

第3章◉世界中で食されるラム肉

ヨーロッパがルネサンス期を迎える頃には、レシピを書く習慣が世界中で定着していた。最初に国王の食事や宮廷料理を記録したもの、続いて中産階級の主婦向けの料理書が登場し、やがては社会改革者が貧しい人々の食生活を記録するようになった。ついには探検家までもが（彼らにとって）エキゾチックな料理を書きとめた。そのおかげで私たちは世界中の人々がどのようにしてラム肉を食生活に取り入れていたかを知ることができる。

200年前のヨーロッパの田舎にタイムスリップしたと想像してみよう。鉄道はまだ誕生しておらず、最速の交通手段といっても運河程度しかなかった時代の旅は、のんびりしたものだった。かつて広大な森だった一帯は開墾され、いたるところで羊が放牧されている。町の人口は爆発的に増加し、多くが立派な都市に昇格しようとしていた。かつては週に一度だけ市《いち》が立ち、宿屋が一軒ぽつんとたたずむだけだった通りにはさまざまな店ができた。どの町にも精肉店があり、ラム肉を売った。

当時の人々にとっての最高の部位はあばら骨付きのロース肉（チョップ）だったが、すね肉から脳みそにいたるまで、羊のありとあらゆる部位が食された。富裕層がとりわけ好んだのがラム肉だ。彼らほど恵まれない人々は、ラム肉に近いマトンを選ぶ。

羊と子羊の屠畜年齢にも変化が生じた。古代メソポタミアのラルサでは、羊は1歳になった時点で屠畜され、以来、「ラム肉＝1歳以下の羊肉」という定義がおおかた定着していたといえる。しかしルネサンス期のヨーロッパにおいて、この定義が変わろうとしていた。イタリア人は、生後わずか数か月以内の子羊の肉をラム肉と定義するようになり、別の場所であれば「ラム」と呼ばれるような肉も英語の「マトン」にあたる名称で呼ぶようになった。

◉イタリア

16世紀初頭のイタリアのレシピは、ヨーロッパの他の地域と大きく異なるわけではなかった。甘味と酸味のバランスはもちろん、異国のスパイスをきかせる点も紋切り型といっていいほどだった。しかし、ルネサンス期には、王族と同レベルの食事ができるほど裕福な商工業者一族が登場し、彼らは金に糸目をつけずに王族だけに許されてきた贅沢にありつこうとした。こうして、私たちがよく知るイタリア料理が生まれたのである。

最初期のラビオリにはラム肉が入っていた可能性が高い。ひき肉などの食材を詰めるピエモンテ州で人気のパスタ「アニョロッティ Agnolotti」の名称は、間違いなく、イタリア語で子羊を意味するアニェッロ agnello から派生したのだろう。たとえそうでなくとも、ラム肉がローマ時代からイタリアで好まれ、パスタの詰め物として使われてきたのは事実である。

イタリア料理には、マトンという言葉はめったに登場しない。いまも昔も変わらず、イタリアはウールと羊乳チーズの一大生産国だが、ウールや羊乳がとれなくなった羊をどうしていたかは歴史を振り返ってもよくわからない。用ずみの羊が手厚く埋葬されたり、ペットフードになったりした可能性はおそらく低い。

北ヨーロッパの人々と異なり、マトンをめったに調理しないイタリア人が生み出したのが、羊肉を燻製にしたサルーミ（salumi）である。燻製にすることで肉の風味が増すだけでなく、冷凍庫のない時代には便利な保存食にもなった。

今日の私たちがイタリア料理ときいて思い浮かべる、トマトやポレンタ［肉料理の添え物として供される、トウモロコシの粉を粥状に似たイタリア料理］の材料の多くが「新世界」から伝わる前から、人々はラム肉を食べていた。大人になるまで飼育されるのはミルクやチーズ

ヤン・ファン・エイク『神秘の子羊』。ゲント祭壇画より（1430 ～ 1432年）。

ジャン・シメオン・シャルダン『羊の骨付き肉のある静物』（1730年）

の供給源になる乳用の雌羊だったので、余った雄の子羊が肉として利用されたのである。羊は春に出産ラッシュを迎えるため、旬のラム肉と春野菜のアーティチョークなどを組み合わせた新しいジャンルの料理が誕生した。

いまでいう「田舎料理」というジャンルが生まれる以前、イタリアの貧しい家庭では、パイウオーロ（paiuolo）、あるいはコールドロンと呼ばれる、家に唯一の鍋を使って料理をしていた。この鍋は、鎖で吊るした状態、あるいは鉄製の三脚に載せて、クリの実、ビート、ジャガイモを焼くのに使う炭火にかけられた。こうしてイタリア人は、ラム肉やマトンを使った人類最初の現代的な料理を生み出した。

北部イタリアのフェラーラ［エステ家によって支配され、ルネサンスの中心地のひとつとなった都市］の宮廷料理人クリストフォロ・ディ・メッシスブーゴは、著書『宴席 *Banchetti*』（著者死去翌年の1549年に出版）のなかで、子羊の胸肉のローストを供したと記している。さらに、ラム肉は食料貯蔵室の豊富な品ぞろえを支える重要な食材である、とも述べた。

その約100年後、アントニオ・ラティーニ［アントニオ・バルベリーニ枢機卿の執事を務めた17世紀の人物］はナポリ王国の一流食材を紹介するガイドブック的著書『現代の執事 *Lo scallo alla moderna*』を上梓し、イタリアのバーリ［南イタリアのプーリア州の州都］がラム肉およびマトンの名産地である、と記した。

◉新世界の食材

ディ・メッシスブーゴが活躍した頃からほんの少し時代を下ると、さまざまな「新世界」の食材がヨーロッパ中のレシピをにぎわせるようになった。トマトソースで煮込んだラム肉やラム肉のポレンタ添えのように、今日の私たちがイタリア料理と聞いて思い浮かべるような料理が誕生したのは、「新世界」の食材が徐々に受け入れられた結果である。

ラム肉料理はイタリア中に存在した。ピエモンテ州では、子羊の首肉をペースト状になるまでたたいたものをラビオリに入れ、肉をゆでるのに使うブロスと一緒に食べた。ピエモンテ州から南におよそ950キロ下ったナポリでは、同じブロスにクルジェット（ズッキーニ）、パルメザンチーズ、硬くなったパンを入れてスープにした。

トスカーナ州の人々がどれほど内臓肉を好んだかをご存じの方なら、作家ロレンツォ・マガロッティが「フライパンいっぱいの（子羊の）睾丸《こうがん》をラードで炒め、私の飢えを満たしてほしい」と「女羊飼い」に請う1694年の手紙に興味を持っていただけるだろう。内臓肉が食されていたのは、肉があまりに高価でどの部位もむだにはできなかったからだと考える人も多いが、この手紙でマガロッティは残飯をねだっているわけではない。彼にとって、子羊の睾丸は最高のご馳走だったのだ。

子羊の睾丸のフライ

◉ナバホ族

家畜化された羊は、17世紀初頭にスペイン人とともに北アメリカに渡った。ほどなくして、現在のナバホ・ネイション［米アリゾナ州・ユタ州・ニューメキシコ州にまたがって位置する、ネイティブアメリカンのナバホ族の準自治領］において、北アメリカではじめて本格的に羊の飼育が行なわれるようになる。

それから100年もしないうちにナバホ族はチュロス羊という独自の品種を開発した。すらりとした体格のチュロス羊は独特な毛に厚く覆われ、高地の砂漠環境で飼育するのにうってつけだった。

ナバホ族の言い伝えによると、スペイン人が家畜化された羊をはじめてアメリカ大陸に連れてくる前から、牧羊はナバホ族のDNAにきざまれていたかのようだ。羊と羊飼いの文化は、いわばナバホ族のアイデンティティの根幹でもあった。羊を管理するのはナバホ族の役割であり、羊はナバホ族の生命維持の手段、自己表現の手段だった。まさに羊は、すべてを与えてくれる存在だったのである。

中東やヨーロッパで飼育されていた羊と比べても、チュロス羊は純血種《サラブレッド》とは大きく異なる生き物だった。丈夫な羊毛のおかげでナバホ族独自の織物文化が生まれたものの、華奢《きゃしゃ》な体

機（はた）織りをするネイティブアメリカン（ナバホ族）の女性（1904 ～ 1932年頃）

格ゆえに、子羊の段階で食べてしまっては非効率的だ。だからナバホ・ネイションは、ラム肉ではなくマトンを好んで消費する世界で数少ない地域のひとつとなった。

ナバホの文化において羊はきわめて重要な存在だったので、所有する羊の群れの規模が一族の豊かさを測る基準になった。羊以上に価値のある財産などなかったのだ。

現代のナバホ族に伝わる言いならわし――「羊の世話をすれば、羊が我々の世話をしてくれる」にも、彼らの思いが反映されているといえよう。幼い頃から群れを管理するすべを学ぶために、ナバホ族の子供には生まれたての子羊が贈られる。ナバホ族を撮影した記録写真にも、子供たちが誇りとあふれんばかりの愛情とともに子羊を抱きしめる姿が写っている。

青トウガラシとトマトで煮込んだマトンなどのナバホ料理は、新世界と旧世界の食材を組み合わせた興味深い料理の代表だ。肉類はスペインからもたらされ、トウガラシは現地の食材である。ただし、トマトについてはどちらともいえない。ナバホ族が現在暮らす土地から少し南に存在したアステカの国々において有史以前から存在していたトマトだが、18世紀にはスペインの食文化としても定着していたからだ。

◉フランス

フランス革命［1789～1799年］後、人々がパン不足に苦しんでいた時代からわずか数十年後には、今日でもおなじみのルーをベースにしたソースの技術が確立した。いうまでもなく、フランスでもラム肉は重要な食材だった。貴族の好物だったラム肉がようやく市民階級にも身近な存在となると、彼らは我先にラム肉にありつこうとした。

レストラン黎明期《れいめいき》の客たちは、子羊の肉を開いて鶏肉やハーブを詰めたラトン・デュ・ムートン（ratons du mouton）や、子羊の鞍下肉《サドル》をベーコンと一緒に煮たセル・ド・ムートン・ア・ラ・バルブリーヌ（selle de mouton à la Barberine）という骨髄とフォアグラを使った料理などを食した。

セル・ド・ムートン・ア・ラ・バルブリーヌは、バルベリーニという有名なイタリアの一族にちなんで命名されたため、イタリアがルーツだと思っている人が多いだろう。しかし、フランス食材のフォアグラが使われていることに注目してほしい。1746年に記されたもっとシンプルな料理（ラム肉とカブのシチュー）のレシピも残っているが、相変わらずラム肉が贅沢品であることに変わりはなかった。

1820年にはすでに、まさに現代的なフランス料理と呼ぶにふさわしいレシピが生まれ

『ダ・コスタの時禱書 *Da Costa Hours*』より、「4月」。ベルギー（1515年）。

ていた。子羊あるいはマトンの首肉にレンズマメのピュレを添えた料理は、この時代ならではのものだ。ラムチョップ・ア・ラ・スービーズ（à la soubise）と呼ばれる、ラムチョップ、塊ベーコン、野菜を一緒に鍋で煮て、仕上げに煮詰めた煮汁をラムチョップにかけるという料理は、いかにも現代的である。どちらの料理にもラードが使われ、現在ではごく一部の人しか喜ばないような脂肪たっぷりの仕上がりになっている。

とくにおどろかされるのが「セブン・アワー・ラム」と呼ばれたレシピだ。この19世紀の料理は、現在よくある「弱火でじっくり調理した」料理である一方、丸ごとのトリュフ、ピクルス、そしてもちろんラードといったフランスらしい食材が使われている。

やがて、ラム肉はフランスのパテにも使用されるようになった。ラムチョップのヒレ肉、ベーコン、カイエンペッパー、メース、レモンピール、パン粉をミルフィール状の生地に包んで焼き、スライスしたレシピもあった。

このようにフランス人の食卓にはいつもラム肉とマトンがあったが、その人気には波があった。イギリスの小説家チャールズ・ディケンズは『みんなのことば *Household Words*』という雑誌にこのような記事を寄稿している。

程度の差こそあるものの、リヴィエラ海岸沿いの一帯ではフランス料理の低俗化が進んでいる。イギリス人が多いマントンでさえも、地元の名物と呼べる料理が急速に失われようとしている。30年前、ポレンタはどこの家庭でも食卓に並び、干し魚はトマトやジャガイモと一緒に食べられる人気料理だった。いまとなっては、イタリア国境の新興都市にこうしたものは存在せず、マトンのカツレツ、マトンのもも肉、ローストビーフなどがもてはやされている。

◉イギリス

イギリスでは、ますます多くの料理書が出版されるようになった。料理家ジョゼフ・クーパーの著書『料理という芸術――改良および拡張版――貴重な未公開レシピの要約を多数収録 *The Art of Cookery Refin'd and Augmented, Containing an Abstract of some Rare and Rich Unpublished Receipts of Cookery*』（１６５４年）には、子羊の腰肉のシチュー、子羊の骨付き塊肉のボイル、細切れのラム肉、さらにはハギス（クーパーが「ハギス・プディング」と命名）などのレシピがある。「前国王の料理長」と称されたクーパーは、当時の厨房に立つプロの料理人や富裕層のためにこの料理書を執筆した。

こうした古い料理書を紐解くと、レシピ以上のものが見えてくる。１５８４年、イギリス

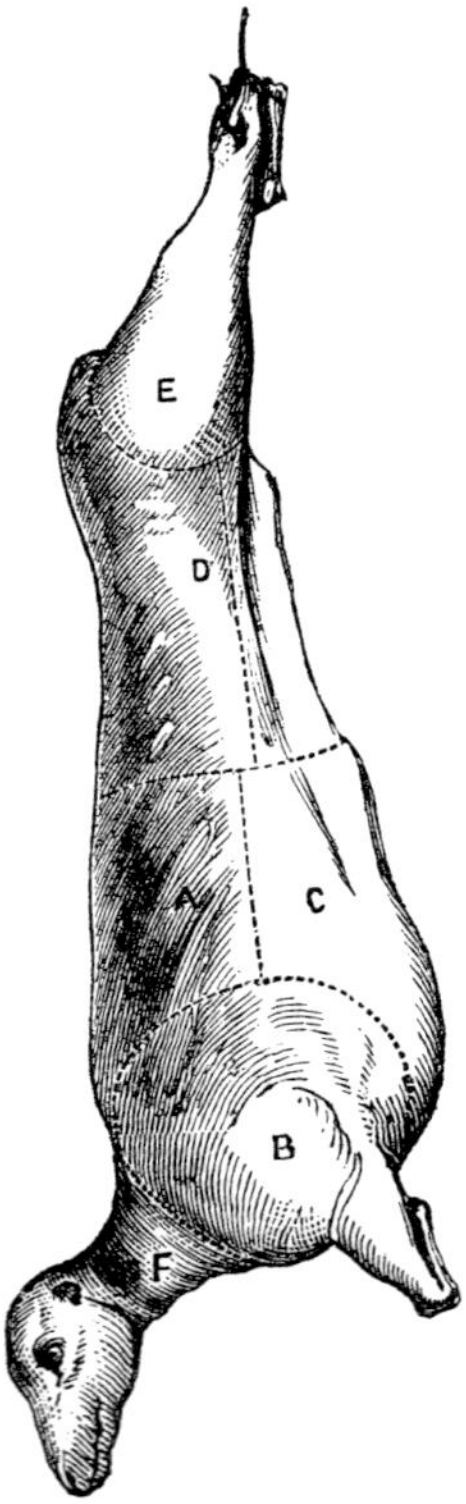

子羊の屠体を描いた版画。『ビートン夫人の家政読本 *Mrs. Beaton's Book of Household Management*』（1863年版）より。

の医師の多くがラム肉を食べると「無気力になる」恐れがあると説いていた時代に、医師のトーマス・コーガンは「マトンを生で食べた人に害が生じたケースは稀である。マトンという軽やかな肉は体と消化にもよい」と記した。

しかしここでコーガン医師が話題にしているのは、やわらかで、繊細な味わいで身の引き締まったラム肉なのではないかという疑問が生じる。その50年後にイギリスのジャーナリスト、トーマス・モファットが、ラム肉は「最上級の食物」であると太鼓判を押すと、その評価は広く知れわたるようになった。

◉オランダ

17世紀のオランダのレシピは、興味深いかたちで私たちを中世へと誘ってくれる。「マトンの腰肉の英国荘園ふう、ソース添え」には、バターを使ったいかにもイギリス料理らしいソースと、イギリスとオランダ、どちらにとっても珍味であるケーパーが使われていた。また、当時ヒュッツポット（hutspot）と呼ばれていた料理は、羊の腰肉を丸ごと煮込み、バターとアーティチョークのソースを添えたものだ。

このヒュッツポットにはスペイン版もあり、マトンを細かくきざんでから煮込み、ザバイオーネ［卵黄、砂糖、ワインなどでつくるカスタードふうのデザート］のような卵黄のソースで食べる。去勢鶏《シャポン》、マトン、牛肉、豚肉、カモ、ソーセージなどをショウガやサボイキャベツと一緒に煮込むという、あらゆるベースを混ぜたようなレシピもあった。この料理が何人分だったかは謎だ。

オランダの人々は主にウールを目当てに羊を飼っていたため、雄雌かかわらず、成長してもほとんどの羊を手放さなかった。それでも、ラム肉はときおりレシピに登場した。スペインふうの肉と豆のごった煮、オリポドリゴ（olipodrigo）のオランダ版レシピには、マトンを使った「通常版」とラム肉を使った「豪華版」がある。

ラム肉を使った後者はじつに贅沢で、ラム肉、去勢鶏、子牛、牛肉のみならず、ミンチにしたハム、シビレ［牛、羊、豚の胸腺《きょうせん》（リンパ組織のひとつ）や膵臓《すいぞう》］、骨髄までをも投入して、コショウとメースで味つけするという料理だった。つけ合わせには、クリの実、アスパラガス、アーティチョークなどの野菜が添えられた。

●強制退去とラム肉

数年前、スコットランドの小さな町のパブで、「おれはラム肉なんていっさい口にしない」

と断言する男性に会ったことがある。ベジタリアンなわけではない。18世紀から19世紀にかけて、羊の牧草地を拡大するために領主たちが小作農を強制的に退去させた「ハイランド・クリアランス」をいまだに根に持っているのだ。しかし、そうやって小作人はおろか、住民さえほとんどいなくなった土地ができたために、スコットランドでは羊を大規模に飼育し、新興の工業都市の人々にとって十分な量のラム肉とウールを確保できるようになったとも言える。

強制退去させられた小作人は、当時急速に発展していた工業部門での労働力、ならびに新たな植民地の住民となり、〝ラム肉好き予備軍〟として期待された。当時のラム肉の食べ方を知るには、イギリスの料理家ハナ・グラスの画期的な料理書『単純で簡単な料理の技術 *The Art of Cookery Made Plain and Easy*』（１７４７年）を見るといい。まずグラスは、肉を買うときには「首の血管に注目すること。青空のような色をしていたら、新鮮で質がよい証拠だ。緑がかっていたり黄ばんでいたりしたら、すでに腐っているか、腐りかけている」と説いている。さらに、子羊の腎臓の下部のにおいで鮮度をチェックすることも勧めている。当時の精肉店のようすがありありと浮かぶ描写である。

イギリスにはミートパイづくりという偉大な伝統があるため、グラスの料理書にも風味豊かなラム肉のパイのレシピがあると期待する読者もいるだろう。しかし実際に掲載されてい

ウェールズの伝統的なラム肉のシチュー、カウル。

下ごしらえずみのマトンのもも肉

るのは、ラム肉、レーズン、スグリの実、砂糖、砂糖漬けにしたレモンピールを使った甘いパイのレシピだ（なおこのパイは、白ワインと卵黄のソースを添えて供される）。

本書で扱われているラム肉のレシピはこれだけではない。エール、ワイン、ケーパー、ナツメグとともにラム肉を「炒める」（いまの私たちからしてみれば、「煮込む」という言葉のほうが近いかもしれない）レシピもある。さらに、ラム肉、ベーコン、ハーブ、オイスターを使った「ラグー［フランスの煮込み料理］」も紹介。子羊の頭を丸ごと使った調理方法もいくつか掲載されている。

当時の人々はラム肉を大量に消費していただけでなく、子羊のすべての部位を調理し、食卓に並べていた。あばら骨付きのロースだけを食べて、残りを堆肥にしていたわけではなかったのだ。

イギリス、マンチェスターの「ザ・クイーンズ・ホテル」の１８６５年1月25日のメニューを見ると、前菜の「ラム肉のカツレツ、グリーンピース添え」に続き、ルルベ（relevés、当時供されていたボリューム満点のコース料理内のメインの肉料理）としてマトンの鞍下肉《サドル》が供されていたことがわかる。同じホテルの１８６６年のメニューにはマトンのカツレツも登場する。世界屈指のウール生産国イギリスには、あり余るほどのマトンがいたのだ。

◉アメリカ

イギリスの航海者ヘンリー・ハドソンが１６０９年にはじめてニューヨーク港をおとずれてからわずか16年後、オランダからニューヨーク市に羊がやってくるとすぐに、そこでも羊肉と羊毛の生産がはじまった。すでに１６５０年代には、家畜と枝肉《えだにく》の市場取引が確立されている。当時、ある人物は、「見る人を不快にするほどブクブクに肥えた羊をニューヨークで見た」と書き残している。それでも、人々は羊肉を食べた。１７０４年には、「マトンのもも肉とピクルス」がいちばんのご馳走、と日記に書いている人もいた。

１７６５年に印紙法［植民地のあらゆる印刷物に所定額の収入印紙を貼ることを命じたイギリスの法令］とともに植民地への課税政策が導入されると、ウールの輸入にも課税されるようになり、それを避けるためにもアメリカの人々はますます多くの羊を国内で飼育するようになった。ウールの生産量の増加が期待されたが、現実には、ほんのわずかの繁殖用の羊を残してほとんどが大人になる前に屠られ、ラム肉として消費された。それほどラム肉の人気は凄まじかったのだ。

◉バーベキューの誕生

その頃、南北アメリカ大陸で注目すべき交流が行なわれた。スペイン人が家畜化された羊を新大陸に持ち込み、先住民が優れた新調理方法をスペイン人に伝授したのである。その調理方法を表現した言葉が、「バルバコア（barbacoa）」。アメリカ先住民族のひとつであるタイノ族の「煙を用いた調理方法ならびにそれによって調理された肉類」を指す言葉をスペインふうにしたものだ。

19世紀になる頃には、こうした方法で調理した肉類を「バーベキュー」と呼ぶことが英語圏で定着し、羊や子羊を丸ごと焼くことも一般的になった。「バルバコア」という言葉は今日のラテンアメリカにも残っており、多くの場合、丸ごと1頭の子羊を使った料理を指す。『アップルトンのメキシコ案内 *Appleton's Guide to Mexico*』（1884年）には「牛肉、マトン、鶏肉などは、朝も夜もメキシコ中のフォンダ（メキシコの簡素な料理屋を指す）のテーブルに並んでいる」という記述がある。ただし、ラム肉という言葉はまったくといっていいほど見当たらない。

ベルンハルト・プロックホルスト『よき羊飼い』(19世紀末)

◉メキシコ

ラム肉を使ったメキシコ名物は「バルバコア」だけではない。ラム肉はスープやシチューにも使われ、メキシコの人々の主食であるトウモロコシ由来のトルティーヤとの相性も抜群だった。とくにシチューは広く愛され、地域ごとに異なるラムチョップ（この部位はほかの部位と比べてグリルや炒め物に最適とされてきた）のシチューのレシピが存在する。

ラム肉をマゲイ（リュウゼツラン）やアボカドの葉に包んで蒸したミショーテ・デ・カルネロ（Mixiotes de carnero）や、ラードとニンニクでローストしたマトンのもも肉料理、カルネロ・コン・アホ（carnero con ajo）のレシピなども発見されている。

◉進化するラム肉料理

19世紀の北アメリカの食事はイギリスと似たり寄ったりではあったものの、オランダと先住民の影響も垣間見られた。アメリカ合衆国初代大統領ジョージ・ワシントンの妻マーサ夫人の著書『マーサ・ワシントンの料理書 *Martha Washington's Booke of Cookery*』には、ラム肉のフリカッセ［乳製品を使った煮込み料理］や、アンチョビ、ケーパー、レモンピールなどを子羊のもも肉に詰めた料理など、注目に値するさまざまなレシピが掲載されている。

なお、この本のレシピにはラム肉よりもマトンを使ったもののほうがはるかに多い。定番のローストのほかにも、型を使わない羊の血のパイ（マーサ夫人はこうしたパイを「ペイスティ pasty」と命名）や、羊のタンや腎臓を使ったパイのレシピ、さらにはイタリアの人々も愛してやまない子羊の「石」こと睾丸が登場することもあった。

19世紀中葉になると、ある変化が生じる。北アメリカが人種のるつぼと化すにつれ、人々はいままでとはまったく違う方法でラム肉やマトンを食べるようになったのである。実際、当時の料理書には、ラム肉のチャプスイ［八宝菜に似た、アメリカ生まれの中華料理］からスペインふうラムハッシュ［細切れのラム肉を使った料理］にいたるまで、ありとあらゆるレシピが載っている。

たとえば、料理家アンリエッテ・ダヴィディスの料理書『アメリカの台所でつくるドイツの国民的料理 *German National Cookery for American Kitchens*』（１９０４年）では、マトンを使ったレシピが15種、ラム肉を使ったレシピが20種紹介されている。この本には、大麦とマトンを使ったスコッチブロスふうの料理や、ジャガイモのダンプリング（だんご）を添えたドイツふうスープ、カブとマトンのシチュー、さらには「病弱な人のためのラムチョップ」という興味深い品も登場している。

ボウルいっぱいの子羊の腎臓のグリル

ちなみにこの料理は、きれいにカットした子羊のあばら骨付きロース肉をラード、バターの順で炒めてから、マデラ酒を入れ、煮詰めた肉汁でじっくり煮るというものである。こんな記述もある。「マトン、あるいはラム肉のローストの1人前の適量は、1ポンド（およそ450グラム）」。当時の人々の食事の量を知るのに格好の情報だ。

◉アラブ世界

コンスタンティノープルやカイロをはじめとする地中海アラブ世界の大都市は、ラム肉料理の中心地として栄えつづけた。ジョージ・ブラッドショー［イギリスの印刷業者、1839〜1961年に発行されたイギリスの列車時刻表は、発行者であるブラッドショーの名前にちなむ］による『ブラッドショーのオスマン帝国旅行案内書 *Bradshaw's Hand-Book to the Turkish Empire*』（1872年頃）をいま読むと、当時の人々が今日とさほど変わらない食生活を送っていたことがわかる。変わったものがあるとしたら、それは人々の考え方だ。ブラッドショーは、オスマン帝国をおとずれる際は牛肉や豚肉よりも軽いマトンを選ぶことを読者にすすめ、マトンの串焼きを「国民食」と表現している。

イランの代表料理であるチェロ・ケバブ——ホットドッグ状にしたラムのひき肉のパテを

プルーンと一緒にラム肉を煮たイランのシチュー、ホレッシュ・アールー。

ウズベキスタン料理プロフを盛った一皿。

グリルしたものに米を添えて供する料理——は、食材と調理法のどちらにおいてもトルコ料理と似ている。どうやら、ラムのひき肉をグリルするのは、特定の地域の伝統というわけではなさそうだ。

実際、こうした調理方法は、中国とヨーロッパを結ぶ偉大なる交易路、シルクロードのいたるところに存在する。さらにいうと、チェロ・ケバブはイランで生まれた初のストリートフードであり、20世紀初頭にイランの着席形式のレストランがヨーロッパ料理とともに地元のイラン料理をメニューに載せるときにまっさきに採用し、ローカルフードとして定着した料理でもあるのだ。

◉シルクロード

中東からウズベキスタンの古都サマルカンドを通り、はるか中国は西安へと、シルクロードを東へ東へとたどっても、同じようなケバブがある。串焼き、炭火グリルでローストしたものなど、地球の裏側でもトルコやギリシャのストリートフードときわめて似たマトンやラム肉の料理に出会えるのだ。

そして、ロシアと中国にはさまれたこの場所こそが、伝説の脂尾羊《しびよう》の生まれ故郷である。

脂尾羊を連れたアフガニスタンの羊飼い

体重の最大20パーセントを占める、見るからに大きな臀部《でんぶ》が特徴の脂尾羊は、この地域の人々にとって貴重な肉の供給源である。脂尾羊の実物を見ずに尻尾の大きさを想像するのはなかなか難しい。実際、市場で売るために脂尾羊を太らせるとき、飼育者は羊が重たい尻尾を支えられるように荷車を用意するほどなのだ。この地域を旅すると、ラム肉のケバブやラム肉入り餃子はもちろん、脂尾羊の大きな尻尾の脂肪を意味する「子羊の脂肪 fatty lamb」を使った米のピラフなどにもお目にかかれる。

子羊の脂肪を料理に使うケースはこれだけではない。中央アジアでは、羊脂《ようし》は、ベーコン、ガチョウ、鶏肉の脂と同じように、炒め物、焼き物、さらにはバターふうのスプレッドとして活用されている。その究極が、羊脂のケバブだ。羊脂のケバブでは、タマネギやパプリカと一緒に羊脂の塊が使われる。炭火で脂がローストされると野菜も一緒に炒められ、二度調理したような独特の風味が生まれるのである。

異国情緒あふれるこうしたケバブは、歴史上、非常に重要な時点――私たちが「現代」と呼ぶ時代のはじまりへと導いてくれる。そう、はるか昔に遠い国で食べられていたケバブは、いまでは世界中のほとんどの場所で食べられるようになった。

第4章◉現代のラム肉

さて、最古の家畜である子羊の現状はどのようなものだろう？　今日、ラム肉は中東と南アジアでもっとも広く食されており、以前のようにとはいかないまでも、ヨーロッパや北アメリカでの人気も再燃している。ここからは、世界中の人々が今日どのようにラム肉を調理し、食べているかを見ていこう。

◉〝過ぎし日のレストラン〟

アメリカ合衆国でマトンが食べられていると聞くと、意外に思う読者もいるかもしれない。しかし、ニューヨーク市には「キーンズ・ステーキハウス」という羊肉の有名店が存在する。

「キーンズ・ステーキハウス」は、〝過ぎし日のレストラン〟のイメージを前面に押し出すことに余念がない。メニューにマトンチョップがあるこの店は、過去のニューヨーク市のすばらしいダイナーを彷彿とさせる店なのだ。

そんなことを考えながら、私は「キーンズ・ステーキハウス」に入店した。昼休みにひとりでおとずれた私は、スーツ姿のビジネスマンでいっぱいの店内のようすに面食らった。バーカウンターもなかなか立派で、何人かの客がリブ付きチョップを食べている。それを見て勇気がわいてきた。まもなく私の前にもチョップが運ばれてきた。ステーキハウスにふさわしい、完璧な焦げ目をつけた大きな羊肉の塊と、カットされた2本のあばら骨。マトンチョップだとしたら私がいままで見たなかでいちばん小さいが、ラムチョップだとしたら最大だ。ティーンエイジャーのような〝若い羊〟（羊農家の専門用語でいうと「ホゲット」や「イヤリング」）からとれた、極厚のチョップである。羊肉の聖地として崇《あが》められている「キーンズ・ステーキハウス」は、評判どおりの店だった。

とはいえアメリカでは、この「キーンズ・ステーキハウス」、ケンタッキー州の都市オーエンズボロ、アリゾナ州のナバホ・ネイション以外の場所でマトンにお目にかかれる可能性はほとんどない。イギリスでは正反対だ。イギリスのたいていのレストランには、マトンのもも肉のローストがある。一方、アメリカとイギリス以外で現在もっとも好まれている羊肉

グリルパンで焼かれるマトンのあばら骨付き肉

米バーモント州の小農場「ユートピア」の羊

といえば、ラム肉である。

今日のアメリカの家庭料理においてラム肉が主役になることはめったにない（まったくない、といっても過言ではない）。復活祭や過越の伝統料理として子羊のもも肉が出されることはあるものの、それ以外の料理はほとんど存在しないのだ。だからといって、昔からそうだったわけではない。20世紀の初頭、大切な晩餐会から昼の定食にいたるまで、幅広い場面においてラム肉は親しまれていた。

◉ケバブ——トルコから来たストリートフード

1938年は、荷物をまとめてトルコからドイツに移住したティーンエイジャーにとって生きやすい年ではなかった。それでも、マフムト・アイガンさんはドイツに渡った。戦争がどう転ぼうとも、スナックショップ（そのなかでも「ケバブ」という串焼きを売るトルコ料理の売店）の需要はあるという見込みがあった。1960年代、アイガンさんは、米に肉をのせて野菜を添える伝統的なケバブを販売した。こうした料理は、着席形式で食べる分には申し分ない。しかし、テイクアウトを希望する客はこれでは満足しない。手頃な価格と持ち運びの利便性を兼ねそなえた料理、それも（どれだけ酔っ払っていても）イートインで

巨大なドネル・ケバブ

はなく、手軽にテイクアウトできる、トルコの伝統食材を使ったケバブが必要だとアイガンさんは思った。

1971年3月2日、ベルリンの店でアイガンさんはその答えとなるドネル・ケバブを売りはじめた。ドネル・ケバブは、縦型のグリルで調理したラムのひき肉（たいていの場合はほかの肉類も混在）を中東に昔から伝わるピタパンにはさんだ料理である。

このシンプルなケバブは人気を博した。さらに、アイガンさんは現代の私たちがケバブと聞けば思い浮かべるヨーグルトソースまで発明した。アイガンさんのケバブは、メキシコのタコスやイタリアのピザと同じくらい一般的でグローバルなテイクアウトスナックとして、またたく間に北ヨーロッパで普及した。世界最古の肉が現代ふうにアレンジされた一例である。

ラムのひき肉をローストするための縦型のグリルは、ほかにもある。メキシコの人々がピタパンに慣れ親しむことはなかったものの、レバノン移民がメキシコに持ち込み、現地でアル・パストール（al pastor）と呼ばれるようになった〝タコス〟の具として、ラム肉のスライスは、スパイシーなソースやくし切りのライムとともに突如として居場所を見つけたのだ。

当然ながら、ケバブの歴史はずっと古い。昔の人々は、わずかな燃料と火力だけで調理する方法を模索していた。炭火の上で肉や野菜を串刺しにしておけば、短時間でおいしく焼き上がる。燃料が思う存分使えるようになっても、一人前ずつ調理できるケバブの人気はおとろえなかった。ケバブがストリートフードとして理想的な理由は、まさにここにある。

ラム肉を使った今日のストリートフードや軽食の本場はトルコである。子羊のシビレの串刺しをグリルしたウイクルック（uykluk、筆者のお気に入り）はぜひとも試してほしい逸品だ。ただし、このシビレ、英訳するとsweetbreadとなるが、パンでもなければ甘味のあるものでもないのでご注意を。シビレとは羊の胸腺《きょうせん》なのだ。大きな肉を切り分けるときにできる細かいくず肉を使ったチョップ・シシ（「くず肉のケバブ」を指す）という串焼きは、ひとりで10本から15本ほど食べるのが一般的だ。

トルコ料理には串焼きしかないのかと誤解されるといけないので紹介しておくと、タントゥーニ（tantuni）というラムのひき肉と野菜のラップサンドや、ベイラン（beyran）という羊脂、ラム肉、米を一緒に食べるスパイシーなスープもある。

◉アジアの串焼き料理

東アジアに行くと、串焼き店が立ち並ぶ「串焼き横丁」を目にすることがあるだろう。おなじみの料理からそうでないものまで、さまざまなケバブスタイルの食事が楽しめる。こうした場所では、思いつくかぎりの多彩な調味料で味つけされたラム肉の串焼き、子羊のレバー、腎臓、シビレ、睾丸の串焼きを試してほしい。

　中国では、ラム肉は豚肉の次に人気がある肉だ（とはいっても、中国の豚肉の消費量はほかの肉類の消費量がかすんでしまうほど凄まじいため、あまり実感がわかないかもしれないが）。ストリートフードとラム肉マニアの人は、ぜひとも西安をおとずれてほしい。陝西省の省都であり、兵馬俑《へいばよう》で有名な西安は、ラム肉文化の中心地であると同時に、屋台の宝庫である。なかでも、ムスリム街のナイトマーケットや小吃《シャオチー》（軽食）街は人気の観光スポットだ。

　ここで最初に試してほしいのが、クミンなどのスパイスで味つけした羊串肉《ヤンロウチュアン》というケバブだ。次におすすめなのがマトン入り小籠包に四川トウガラシ入りのタレをつけていただく、灌湯包子《グアンタンパオズ》。続いてマトンや牛肉のミンチを詰めたロールパンのような肉夾饃《ロージャーモー》をいくつかほおばり、最後はラム肉の刀削麵《とうしょうめん》で締めくくろう。

　シンガポールには、ケバブの東南アジア版とも呼べる、サテーがある。サテーには、強烈な味つけに負けないくらいパワフルな風味のマトンが使用される。インドネシアでもケバブのような串焼きのサテーは主食級の人気を誇り、独特なスパイスをきかせたラム肉のスープも存在する。

◉アフリカ

アフリカでもケバブの屋台にお目にかかれる。串刺しの状態で調理されるのは同じだが、グリルではなく、たっぷりの油で揚げられる点が違う。南アフリカの屋台では、インドのサモサより「o」をひとつ多く綴《つづ》るラムのひき肉を使った samoosa や、「ギャッツビー」として親しまれているバゲットを使ったアメリカンスタイルのサンドイッチのような、南アフリカとゆかりのある国々の料理が売られている。

冒険心と怖いもの見たさを抑えられない人にぜひ試してほしいのが、羊の頭の丸焼き「スマイリー」だ。そのおいしさから「スマイリー」のファンにとくに人気なのがタンと脳みそだが、目玉にもファンが多い。さすがに頭はちょっと……という人には、頬肉《ほほにく》をおすすめしたい。なお、すでにお気づきかと思うが「スマイリー」という料理の名前は、食べている人をじっと見つめるような、羊のニヤリとした表情に由来する。

中央アフリカでは、エチオピア名物ティブス（tibs）やタンザニアのカレーなど、ケバブと同じくらいシチューも人気だ。どちらもトウガラシ、カレー、葉の多いハーブ、ニンニク、レモンによる強烈な風味が特徴だ。エチオピアのシチューはインジェラというエチオピア特有の平らなパンとともに食べるのが一般的である。

スパイシーなラム肉料理のアワゼ・ティブス（awaze tibs）とインジェラを食べるときは、ナイフやフォークが出てくるなどと思ってはいけない。クレープ状のインジェラをちぎって必要に応じて料理をすくったり、つかんだり、拭ったりして食べるのだ。

エチオピア以外の中央アフリカでは、ピーナッツバターで味つけしたスープやシチューを試してみよう。欧米の食生活に親しんだ読者の多くは、ピーナッツバターとラム肉のシチューときくとぎょっとするかもしれない。それでも、一口食べればすぐに、これまでピーナッツバターをあなどっていたことに気づくだろう。

北アフリカにも独自のシチューが存在する。ラム肉とオクラでつくるバムヤ（bamya）はエジプト人の好物で、モロッコではありとあらゆるタジンが人気だ。どちらもブルグルやクスクスなど、小麦由来の穀物とともに供される。

◉その他の地域のラム肉料理

インドでラム肉にお目にかかれる場所は「マクドナルド」だ。多くのインド人にとって牛は神聖な動物であるため、この世界的ファストフードチェーンも、インド進出を試みるとなると牛肉の代替品を見つけなければならなかった。最適だったのが、ラム肉だ。ハンバーガーの具としておいしいだけでなく、インドの多くの肉好きから圧倒的な支持を得ていたのだから。ハンバーガーに興味がない人も、ちょっと通りを歩けばラム肉のケバブにありつける。インドのケバブには、インドのスパイスでマリネにしたラム肉を土製のタンドリーオーブンで焼いた具が入っている。

20世紀初頭になると、メキシコをおとずれた観光客が、前世代の人々が避けてきた現地料理を食べたがるようになった。肉、チーズ、野菜をトウモロコシでできたやわらかいトルティーヤに巻いたものが本物のメキシカンタコスである。ほとんどの外国人観光客が具として牛ひき肉を好む――牛ひき肉には遠くおよばないものの、次に人気の具材が鶏肉――が、メキシコ人は七面鳥、豚肉、そして当然ながらマトンなど、さまざまな肉を使う。メキシコのいたるところで、羊肉はタコスの具材として使われている。

牛肉好きとして知られる南アメリカでもラム肉は人気だ。ペルーのシチュー、セコ・デ・コルデロ（seco de cordero）は、ジャガイモとトウガラシと一緒にラム肉を煮込んだ料理である。アルゼンチンなどによくあるミックスグリルをよく見てみると、そこには必ずといっていいほどラムチョップがある。

オーストラリア料理の原点は地元の食材だ。しかし、初期のイギリス人入植者はもっと自分たちになじみのある食材をほしがった。海の向こうから連れてきた数頭の羊が大きな群れ

蒸し煮にした子羊のすね肉の調理例

へと成長するまでに、さほどの努力はいらなかった。およそ２３００万人の人口を抱えるオーストラリアでは、毎週国の人口とほぼ同数のラム肉が販売されている。この数値が物語っている通り、オーストラリア人は大量に羊肉を消費する。いちばん人気の牛肉にはおよばないものの、かなりの規模と呼ぶには十分である。

牛肉には人気で負けるとはいえ、ニューヨーク州ブルックリンのオーストラリア料理店、その名も「シープ・ステーション」では、子羊のもも肉のローストを提供している。オーストラリアの家庭料理には、ルーツであるイギリス料理の影響も感じられる。子羊のもも肉のローストやシェパーズパイ［パイ生地の代わりにマッシュポテトを用いた、パイふうのイギリスの伝統料理］はもちろん、生き生きとした多彩な文化のおかげでオーストラリアでは世界中のラム肉料理が楽しめる。

●高級レストラン

１９８０年代になると、世界各地で高級レストランが爆発的に増加した。それまでは、富裕層向けの洗練された独創的な料理を供するレストランがパリのような一部の都市にわずかながらに存在していただけであり、そのほかの人々は、こうした場所を嫉妬と羨望の入り混じった気持ちで眺めていたが、1980年代に入ると、カリフォルニアの大学都市バークレーやイングランドの田舎のパブなどの意外な場所でも高級料理が楽しめるようになった。

イタリアやスペインでは、かつては出張中のセールスマンや観光客向けに数種類の家庭料理を供する程度だった田舎料理店が、まったく新しい役割を担うようになったのだ。もちろん、こうした店（さらには、ラム肉を食べる習慣がない地方）でも、ラム肉は重要な食材だった。

アメリカのテレビではおなじみのギリシャ系アメリカ人シェフ、マイケル・プシラキスは、果敢にも『ラム肉をローストする方法――新しいギリシャの定番料理 *How to Roast a Lamb: New Greek Classic Cooking*』（2009年）という本を書いた。同書には、「子羊のタン、白豆とマッシュルーム添え」のように定番料理からインスピレーションを受けたものや、ラムチョップのグリルはもちろん、子羊を丸ごと串焼きにしたレシピなども登場する。「子羊の頭部の切断」を手はじめに、プシラキスはなんとも度胸が必要な作業の手順をわかりやすく紹介している。子羊の丸焼きをつくるには、そのあまりのボリュームゆえに、2リットルほどのレモン汁が必要だ。

マンハッタンでプシラキスが経営するレストラン「ケフィ」のメニューには、ラム肉のソーセージや子羊のすね肉とオルゾー［米型のスープ用パスタ］の煮込みなどのギリシャ料理が

子羊の部位のなかでももっともエレガントと讃えられるあばら肉

並ぶ。もちろん、プシラキスの名を一躍有名にしたのは、ニューヨークのレストラン「アトス」だ。レストラン自体は短命に終わったものの、プシラキスはここで、ラム肉の煮込みやパスタをキャセロールで調理したパスティッチョ（pastitsio）などの伝統的なレシピとギリシャ料理を、現代ふうにつくり変えたのである。

◉中華料理とポリネシア料理

残念なことに、中国の一部の地域ではいまだにラム肉は不人気で、妊婦のなかには生まれてくる子供が癲癇《てんかん》になるのを怖れてラム肉やマトンを避ける人もいるという。中国では「癲癇」を指して「羊癲瘋」という表現が使われるからだ。もちろん、これは一部の地域の話だ。たとえ険しい高地でも、乾いた牧草さえあれば羊はジューシーな肉を提供してくれる。豚がどれほど優れていても、干し草だけでは生きられない。

『ペイ・メイの中華料理の本 *Pei Mei's Chinese Cook Book*』（１９６９年）には、数多くのラム肉を使ったレシピが登場する。アスピックふうに固めた羊肉を使う「煮込みマトンのゼリー」のようなレシピは、中国以外の場所ではなじみのないものだ。さらに、ペイの「コンロ付き卓上鍋のマトンのしゃぶしゃぶ」のレシピは、現代の料理人が内臓肉を取り除く前のヒュッツポットを連想させる。ほかにも、「ラム肉のソテー、新タマネギ添え」という中華料理としてある程度定着した品もある。

「しゃぶしゃぶ」という言葉は、「つける」や「フォンデュ（チーズとは無関係）」というような意味だ。いまでは一般的に火鍋《ホットポット》と呼ばれるこうした料理は、テーブルの真ん中にセットした熱々のブロスにラム肉のスライスや野菜などの食材をつけていただく。肉がなくなったら、ラム肉や野菜をつけることで風味が増したブロスをスープとして楽しむのである。

１９６０年代にアメリカでポリネシア料理ブームが起こると、レストランのメニューにラム肉が並んだ。テキサス州フォートワースの「レン・クラークズ・ポリネシアン・ヴィレッジ」では、ラム肉をソテーしたインドネシアふうカレーが供された。この店のことを思うと、いったいどれくらい辛かったのだろうか、本物のインドネシア料理と共通点はあったのだろうか、と私の頭は疑問でいっぱいになる。当然ながら、当時の北アメリカにおけるポリネシア人の人口は一握りに過ぎなかっただろうし、料理が本当に「ポリネシア料理」といえるものかどうかなど、誰も調べなかったに違いない。

◉現代のラム肉料理

現代のマスメディアは、レシピのまったく新しい拡散方法を生んだ。いまや、世界中のディナー客が、テレビ番組に出演しているシェフのレストランをおとずれたり、商品を買ったりしている。こうした有名シェフの料理は、食習慣に多大なる影響を与えている。

イギリスの料理研究家ナイジェラ・ローソンは、著書『もてなし料理――命の祝宴としての食べ物 *Feast: Food that Celebrates Life*』（２００４年）において「じっくり煮込んだラム肉と豆」のレシピを紹介している。ほかにも、子羊のすね肉の煮込みとカボチャのパイを合体させたような、イチジクとハチミツを使った子羊のすね肉のレシピなどもある。

伝説のテレビ番組『ふたりの太ったレディ Two Fat Ladies』も世のなかに強い影響をおよぼした。料理番組の草分け的存在ともいうべきこの番組では、ともに料理家・料理愛好家のジェニファー・パターソンとクラリッサ・ディクソン・ライトがサイドカー付きのオートバイに乗ってイギリス中をめぐり、最高の料理と伝統行事を探し求めた。『ふたりの太ったレディ』は革新的だった。同番組はやがてゴールデンタイムに進出し、イギリスの伝統的な食材や料理は奥深くておいしいだけでなく、がんばってつくるのにふさわしい立派なものであることをイギリスの視聴者に知らしめたのだ。

火鍋で火をとおしたラム肉の薄切りを辛いソースにつけて食べる。

スウェーデン料理、アフリカのスパイス、アメリカのソウルフードなど、幅広いジャンルに関心をよせるエチオピア生まれのスウェーデン人シェフ、マーカス・サミュエルソンは『ニュー・キュイジーヌの魂 *The Soul of a New Cuisine*』（２００６年）で数々のラム肉のレシピを紹介している。同書には、ヨーロッパ本土の基本的な調理技術とアフリカの調味料を融合させた子羊のあばら肉のベルベルふうパイ包みや、ザータル［タイムやオレガノなどを加えた中東のミックススパイス］でローストした子羊のもも肉などのレシピが登場する。

ニューヨーク州ハーレムにあるサミュエルソンのレストラン「レッド・ルースター」では、主にシェフのルーツであるアフリカ流のひねりをきかせたソウルフードが楽しめる。「ラム肉とジャガイモのハッシュ」は、ヨーロッ的なラム肉料理と、アメリカの伝統的なハッシュ［細切れ肉を使った料理］を融合させたもの。この料理は、コケモモを添えたスウェーデンふうミートボールとエチオピアのベルベルふうスパイスが一緒に味わえる、世界で唯一の品かもしれない。ひとつのジャンルに留まらない、斬新で見るからにおいしそうな料理に仕上がっている。

美食（ガストロノミー）の頂点に君臨するミシュランの星付きフランス料理店においても、ラム肉はおなじみの食材である。アラン・デュカスのような巨匠が手がけるメニューにも、必ずと言ってよいほどラム肉が登場する。いずれも独創的で洗練された、フレンチキュイジーヌの最高傑作ばかりだ。こういった店で出てくるのは、「極厚ラムチョップ」ではない。トリュフを詰めた子羊の骨なしもも肉、串焼きにした子羊のローストのフランス産アーティチョーク添え、夏野菜を詰めたラムチョップなどの料理……等々。

こうした料理とトルコの屋台のケバブを比べると、ラム肉の本当の可能性が見えてくる。ラム肉とは、もっともカジュアルであり、かつ最高にフォーマルな食材である。料理人のどんな期待にも応えてくれるもの、それがラム肉なのだ。

第5章◉未来の肉——小規模畜産の復活

◉「ネプチューン・ファーム」

2車線の細長い砂利道をしばらく行くと、トーリー・リードさんの「ネプチューン・ファーム」が見えてきた。いちばん近い街は米ニュージャージー州セーレムだが、それでも車で1時間半はかかる。都会から逃れてきたリードさんが、さまざまな農作物の苗、ブルーベリー、乳牛1頭から畜産農業をはじめて25年近くが経つ。リードさんは、農家をはじめてすぐにブルーベリーや野菜で生計を立てることの難しさに気づき、羊と子羊に目をつけた。

リードさんは、屠畜したての羊肉を、丸ごと1頭分、あるいは半分ずつ包み、すぐに冷凍できる状態で契約先のレストランに納品している。羊肉は理想的なんです、と彼女は言う。

「ネプチューン・ファーム」の羊

米ニュージャージー州で農家を営むシェリー・ネスバウムさん

私はある日、彼女の「ネプチューン・ファーム」をおとずれて話を聞いた。

はじめて羊の出産期を迎えるとき、リードさんは新しい生命の誕生の喜びと春のおとずれを噛みしめることになるだろうと思い描いていた。だが、現実は恐ろしいものだった。「私の羊は安産型ではなかったようです。1頭はひどく鳴きさけび、別の1頭は逆子《さかご》を産みました。死産の子もいました」。これを聞いて私は、羊の産婦人科なるものが存在しないことにあらためて気づいた。分娩直前の羊は1～2分ほど地面をひっかくことがある。それに気づくことができれば母羊を屋内に誘導して準備できるが、ほとんどの人は、羊はただ横になって出産するだけだと思っている。

羊飼いの世界には、「羊には二種類しかない。健康な羊と、死んだ羊だ」という言葉があるという。私はこれを、「羊は健康なうちは丈夫だが、病気になったらすぐに死んでしまう」という意味だと思っていた。だがそれは間違いだった。問題は、治療のコストにある。大型動物専門の獣医の診察料は、一般的な羊1頭の市場価値よりも高い。治療してもらったところで元がとれないのだ。

これには衝撃を受けた。私が抱いていた畜産農家をまわる獣医のイメージは、イギリスの作家で獣医のジェイムズ・ヘリオットの半自伝的小説によるものだった。彼がリードさんの羊を死なせるままにする姿など想像できない。しかし、物語ではない現実の世界では、ジェイムズ・エリオットというペンネームで執筆するノースヨークシャー州（土地のはるか先まで羊が放牧されている地域）の獣医ジェイムズ・アルフレッド（アルフ）・ワイト先生でも、羊を死なせるのかもしれない。

注目すべきは、私が出会った羊農家の経営者がすべて女性だったことだ。もちろん、これは単なる偶然ではない。私は米バーモント大学が運営する「女性のための農業ネットワークWomen's Agricultural Network」のディレクターを務めるメアリー・ピーボディーさんに見解を求めた。すると、現在、畜産への新規参入者のほとんどは女性であり、彼女たちは牛よりも小さくておとなしく、購入費と維持費が少ない理由から羊を選ぶ傾向がある、と説明してくれた。ただし、「アメリカ西部やオーストラリアなどでは、もっと広い土地で牧羊に従事する男性もいますよ」と付け加えて私をほっとさせてくれた。

◉ナバホの羊の復活

すべての新米畜産農家が大都市の近くで暮らしているとは限らない。前章では、ナバホ・ネイションとチュロス羊について言及した。スペイン人がはじめてもたらし、神の贈り物としてナバホの人々が大切にしたチュロス羊は、ナバホの文化と伝統の根絶をもくろむアメリカ政府によって絶滅に近い状況にまで追い込まれた。そのチュロス羊が、いま復活しようとしている。

1970年代には、伝統的なチュロス羊のアメリカでの生存数は500頭以下（アメリカ政府の介入以前は50万頭を超えていた）にまで落ち込み、ナバホの人々は危機的状況に直面していた。チュロス羊以外の品種は、ニューメキシコ州やアリゾナ州のナバホの土地特有の気候にはまったくもって不向きだったのだ。

世界中の多くの人々と同様、羊がもたらしてくれる多種多様なめぐみは、ナバホの人々にとって欠かせないものだった。シチューに入れる肉やセーターを編むウールを提供してくれるばかりか、チュロス羊特有の繊維は、ナバホの歴史的遺産として世界中で知られるブランケットなどの生地を織る際にも欠かせないのである。

また、いまでもナバホの人々は主食としてマトンを食べている。アリゾナ州モニュメントバレーからほど近い「ミッチェル・ビュット・ダイナー」のメニューには、青トウガラシを添えたローストマトンや、キャベツを添えたマトンシチューなどがあり、どちらもフライブレッド（平たい揚げパン）やトルティーヤと一緒に供される。ナバホ・ネイションにあるカフェ、レストラン、さらにはキッチンカーでも状況は同じで、ナバホの人々はもっぱらマトンを好む。

今日、およそ5000頭しかいないチュロス羊は絶滅危惧種とされている。しかし、チュロス羊の飼育者は減るどころか増えており、はるか東海岸のコネチカット州から中西部はウィスコンシン州の飼育者までもがチュロス羊の救済に取り組んでいる。地元食材の見直しを掲げる国際的な運動団体「スローフード」は、チュロス羊を消滅の危機にある食材と認定し、「味の箱舟」のリストに加えた。

◉女性が牽引する小規模畜産

ナバホのチュロス羊に加え、「味の箱舟」には41種類もの羊の品種が名を連ねている。そこにはブルガリアのカラカハン羊から、バイキング時代のはるか昔からスカンジナビアの人々に愛されてきた、ノルウェーのヴィルサウ羊なども含まれている。おどろいたことに、リストに掲載されている5種は、いまでは上質なワインと牛肉の産地として有名なイタリアのピエモンテ州の品種だった。

じつは、百年前のピエモンテ州では、牛肉は現在よりも少なく、ウールは現在より多く生産されていた。これまで述べてきたように、その頃の人々にとって羊は完璧な資源だった。たったひとつの用途しかない家畜を飼う余裕など、当時の人にはなかったのだ。現在では定年退職者と外国人観光客の姿が目立つピエモンテの数百戸規模のある街も、かつては1000世帯以上が暮らしていて、おそらく人間の100倍ほどの羊が飼われていた。ウール、羊肉、皮革はピエモンテの人々が外の世界とつながるための重要な商業的手段だったのである。

イタリアの品種のなかでももっとも注目を集めてきたのは、ゼーリ（いまではゼラースカという）羊だろう。ゼーリはトスカーナ地方の村だが、一般的なトスカーナ地方の美食観光ルートからあまりに離れすぎているため、存在感があまりない。近隣地域がますます栄え、小農家がフィレンツェやピサなどの都市に仕事を求めて移住し、成功した大農家が儲けを優先して地元の品種の飼育をあきらめたことが原因のようだ。

21世紀を迎えた頃、ゼラースカ羊はほんの数頭しか残っていなかった。地元の人々だけが知るこの品種の肉はやわらかく、風味もマイルドだ。羊乳の量はごく限られているが、高タンパクで脂肪分が凝縮されているため、最高のチーズをつくることができる。唯一の問題は、羊と飼育者の不足だった。実際、わずかに残るゼラースカ羊を飼育していたのは、一部の土地を相続した地元の数名の女性たちだった。

そこで彼女たちは2001年に「ゼーリ羊の発展と保護のための組合」を設立した。これによってゼラースカ羊の知名度はわずかながらも向上し、映画『ゼーリの女性たち The

Women of Zeri』［2010年公開／日本未公開］や「スローフード」協会の会合などへの参加により、しかるべき注目を集めるようになった。

一般的なゼラースカ羊の肩までの高さは60～75センチであり、羊としては中型だ。首と脚は長く、小さな角が生えている。羊たちがおとなしい性分なのは幸いだった。というのも、ゼーリの女性たちは羊を移動させるのに角をハンドル代わりに使うのだ。映画『ゼーリの女性たち』でも、ひとりの女性が母羊の胎内からそっと子羊を引っぱり出すあいだ、別の女性が母羊の角をしっかりと握りしめるシーンは非常に印象深い。

しかし最終的にはゼーリの女性たちも、「いかにして群れの健康状態を保ち、羊とその生産物を市場で販売できる状態まで持っていけるか」という、すべての羊農家にかかわる問題に直面する。ゼーリの女性たちは、専用の屠畜場をつくるという目的を掲げている。それによって羊の輸送費を削減し、屠体《とたい》が管理できると同時に、家畜としての役目をまっとうした羊からも利益が得られるのである。現在、役目を終えた羊の屠体は数ユーロで売られ、その後どうなるかなど誰も気にしない。専用の屠畜場があれば、マトンのソーセージや燻製肉づくりのような、失われた技術をよみがえらせることもできる。

土地不足、資金不足、ゼロから学ばなければならない羊の管理方法……どれもよくある問題だ。北アメリカとヨーロッパ全土においても状況は同じ。アフリカもしかりである。エチオピアで暮らす高齢女性が牛を扱うのは難しいかもしれないが、小規模な羊の群れなら飼育できる。欧米の先進国で暮らす私たちには、こうした試みは趣味の延長程度にしか見えないかもしれないが、アフリカでは人々を貧困から救い、良い生活へと導くための重要な手段となる。

読者は、あらゆる産物を提供してくれる羊を工場と重ねあわせたたとえをおぼえているだろうか？　この点については数千年前から変わっていない。あとは、私たちがきちんと意識を向ければいい。

◉ラム肉と現代の宗教儀式

前章では、ラム肉を用いたイスラムの儀式や祝祭にふれてきた。ここでは、それらが今日の畜産農家にどのような影響を与えているかをくわしく見ていこう。読者が想像する通り、中東はオーストラリアやニュージーランドのようなラム肉の一大生産国からの輸入に頼っている。しかし、昔からムスリムが住んでいない地域でも、畜産農家が消費者に直接販売するファーム・トゥ・コンシューマー・セールスは健在だ。子羊を屠るアキカー（Aqiqah）［生まれた子供を命名する儀式、第2章参照］やハッジ（Hajj）［イスラム世界におけるメッカ巡礼］

などの儀式のために、もともとイスラム教圏ではない米ペンシルベニア州や英ヨークシャー州などの地域の畜産農家のなかにも、イスラムの儀式的屠畜に適した専用施設を設ける者が出てきた。

しかし、ここで儀式の執行者である屠畜人の問題が発生する。たいていの場合、屠畜人は都会で屠畜方法を習得した専門家ではあるが、子羊を屠った経験もなければ、めったに牧場をおとずれたこともない人々である。屠畜人の経験不足が畜産農家の不安を募らせる一方、敬虔《けいけん》なムスリムもこうした事態に胸を痛めている。ヒシャム・モーラムさんはそんな畜産農家のひとりで、彼にとって人道的な屠畜は選択肢ではなく、必須条件だ。それについてモーラムさんはくわしく語ってくれた。

広い牧草地で薬品に頼ることなく羊を育て、羊に水と自由を与えて、思いっきり駆けまわって幸せに暮らせるようにしたい……そして屠畜の時がおとずれると、羊たちは良質な商品となり、私たちはその肉を安心して食べ、健康になる……最後の審判を迎える日には、私は清廉潔白でありたいのです。

こうした儀式には、しっかりした管理体制が欠かせない。まず、畜産農家は器具を検査し、

米ニュージャージー州で開催されるハケッツタウン・ライブストック・オークションに出品された地元の羊。

屠畜にふさわしいものであることをチェックする。次に、資格を持ったスタッフを手配し、しかるべき屠畜作業を実施しなければならない。

一方で、どうやらマトンにはまた別の需要もあるようだ。「ロカヴォール」という地元食材を推進するトレンドはもちろん、それ以上に、ヒスパニック系の市場ではマトンの需要が拡大しているという。スペイン系精肉店やスーパーマーケットなどでは、古い小説にしか出てこなかったようなマトンが人気を博しているのだ。もしあなたの家の近くにマトンを扱う本物のヒスパニック料理店があるなら、伝統料理を味わうことができるだろう。

人々の牧羊への関心は、マトン・バスティングという風変わりな新競技を生んだ。ロデオのようなこの競技では、大人が雄牛にまたがるのと同じように、幼い子供が羊に乗る。しかし、羊と雄牛の気性はまったく違うし、6歳児の子供がプロのブルライダーのように動物を乗りこなすことなどできはしない。では実際に何をするかというと、子供たちはゲートから颯爽《さっそう》と登場する代わりに、羊の背中にしがみついたまま競技場内をただうろうろするのである。しかしこれがなかなかどうして、長時間乗っていられるのだから大したものだ。たとえ子供が落ちたとしても、雄牛と違って羊は、ライダーが再びまたがるまでじっと待っていてくれる。あるいは、ライダーと一緒に、待ち構えている両親たちのもとへと戻っていくのである。

◉マトン・リバイバル

過去10年近くにわたり、イギリスは熱狂的なマトン・リバイバルの舞台となった。というのも、チャールズ皇太子が「マトン・ルネサンス Mutton Renaissance」という団体を発足させたからだ。皇太子が発起人となった同団体は、肉質に関連する飼料や追跡可能性《トレーサビリティ》や熟成《エイジング》に関する諸規定、および屠畜方法の基準を定めた。「マトン・ルネサンス」発足時、チャールズ皇太子は子供の頃にラム肉を食べた思い出を語り、イギリスのレストランのメニューからマトンが消えていったことを嘆いている。

皇太子のキャンペーンは効果があったようだ。イギリス中のレストランでマトン料理のメニューが爆発的に増え、「鼻先から尻尾まで食べる」ことを推進するシェフのグループも現れた。チャールズ皇太子や多くのシェフたちにとってマトンとは、誰もが腹いっぱい食べるのに十分な羊がいた頃のイギリスの、そしてウールの一大輸出国だった頃の古きよき牧歌的なイギリスの象徴なのだ。

小規模畜産農家復活のかげにラム肉あり、とよく言われる通り、ラム肉は外貨獲得の大きな柱にもなった。人口が少ないため十分な土地が確保でき、羊の管理にはうってつけのオーストラリアとニュージーランドの両国は、ラム肉の輸出市場において確固たる地位を築きあげてきた。やはり国土が広い中国はたしかに羊の一大生産国だが、同時に世界最大の羊肉輸入国でもある。ラムチョップのグリルであれ、ウールの手編みセーターであれ、羊由来の商品の需要はかつてないほど高まっている。

◉羊と人間の未来

では、誰が次世代の羊農家を育成しているのか。この疑問に対する答えを見つけるため、私はニューヨーク市の北にある「ストーン・バーンズ・センター・フォー・フード・アンド・アグリカルチャー」に向かった。実習用の農場と高級レストラン（店名は「ブルー・ヒル・アット・ストーン・バーンズ」）をそなえたキャンパスは、農業の未来に関心を持つ世界中の人々が農業を体験できる施設である。到着すると、私は常勤の羊の専門家、クレッグ・ヘイニーさんと面会し、羊農家の未来について話し合った。

ヘイニーさんは、典型的なアメリカの農場主のような外見と、社交的な教師のような物腰をあわせ持つ人物だ。アメリカの農業地帯で育ち、大学で歴史を学び、生きた歴史博物館のようなこの農場で働くヘイニーさんの人生は、まさに農業と歴史に支えられたものだ。「ストーン・バーンズ」ができた２００４年から勤めはじめ、それ以来ずっと羊の飼育にたずさわっ

グリルパンで焼かれる子羊の腰肉

フェタチーズは羊乳製品のなかでも大人気

ている。

ヘイニーさんの当初の目的は、羊肉ではなく繊維だった。ウールはポリエステル同様、とても便利な素材だ。羊はせまい土地でも飼育できるし、生きているかぎり人間に便利な産物をたくさんもたらしてくれる、とヘイニーさんは強調する。羊は、私たちの期待よりもはるかに多くのことをこなしてくれるのだ。

ヘイニーさんは「フードシェッド」という概念に強い関心をよせてきた。世界の人口が増加し、再配分が行なわれるなか、私たちはいままでにない、食料に関するさまざまな問題に直面しており、こうした状況を示す新しい言葉を生み出す必要性にも迫られている。フードシェッド（食域）とは、食料が生産される場所から流通・販売・消費されるまでの地域を指す。フードシェッドが拡大すればするほどエネルギー消費が増え、サプライチェーンが滞る怖れも増す。結果として生産よりも輸送にコストがかかる食料が生まれてしまう。ここで家畜界屈指の効率的な資源である羊たちの出番だ。すでに紹介したように、羊は大都市周辺でも飼育できるのだ。

フードシェッドと切っても切り離せないのが食料安全保障（フードセキュリティ）という考え方だ。これは、特定の場所の人々がどれくらい簡単に食料にアクセスできるかを測るものである。つまり、ある場所で生活する人々が飢える心配がなければ、その場所の食料安全保障は確保されているということになる。ここでもまた、ラム肉は重要な役割を果たす。羊は穀物栽培に不適切な場所でも飼育できるだけでなく、羊乳、羊肉、繊維によって地域経済を活性化させる。牛の毛を刈ろうとしたり、鶏からミルクを搾ろうとしたりしても、そうはいかない。

ラム肉についていうなら、世界の小規模畜産農家に大きな変化をもたらすために革命まで起こす必要はない。アメリカで言えば、ひとりひとりのラム肉消費量を年間450グラム増やすだけで何百、いや、何千もの小規模畜産農家を支え、救うことができる。ヨーロッパ本土もしかりで、ほとんどの家庭が毎月ラム肉を使った料理をもう一皿増やすだけで、アメリカと同じように地元の農業にプラスの影響を与えられる。簡単な仕事ではないだろう。だがラム肉なら、やってくれる。

19世紀のレシピでつくられたアイリッシュ・シチュー、スタヴァック。

謝辞

まずは、ニュージャージー州のシェリー・ネスバウム、ヒシャム・モーラム、トーリー・リード、バーモント州のロッド・ヒューイットとアート・ヘルッタをはじめとする畜産農家の方々にお礼を申し上げる。私を牧草地へと案内し、子羊や羊の管理に関するすばらしい知識を授けてくれた。

屠畜の優れた手引きとともに、私がはじめてつくったマトンのもも肉のローストを果敢にも試食してくれた、米ドレクセル大学の調理インストラクター、ボブ・デル・グロッソと、小規模畜産農家の明るい未来について語ってくれた、ニューヨーク州ポカンティコ・ヒルズの「ストーン・バーンズ・センター・フォー・フード・アンド・アグリカルチャー」のクレッグ・ヘイニーの両専門家にも感謝する。

最後になるが、ニューヨーク公共図書館のヴェルトハイム書室の利用許可なくして本書が日の目を見ることはなかった。ヴェルトハイム書室のおかげで私は子羊、羊、肉、そしてこれらを取り巻くあらゆる歴史の研究に何時間も没頭できた。皆様に心から感謝する。

訳者あとがき

本書『「食」の図書館　ラム肉の歴史』（*Lamb: A Global History*）は、イギリスのReaktion Booksが刊行するThe Edible Seriesの一冊である。身近な食材の歴史を図版や写真とともに紐解く同シリーズは、２０１０年に料理とワインに関する良書を選定する《アンドレ・シモン賞》特別賞を受賞した。

米ペンシルベニア州出身の著者ブライアン・ヤーヴィンは写真家としても活躍するライターで、食や旅に関する著書を多数執筆している。

羊は不思議な動物だ。資本を意味する英語のcapitalが羊などの家畜の頭数を指すラテン語に由来している通り、多くの人にとって羊は古くから大切な財産だった。それは欧米に限ったことではない。「美」や「善」などの漢字をよく見ると「羊」が隠れているように、羊は中国の人々にとっても重要な存在だ。

しかし、私たち日本人が羊と聞いて想像するものはなんだろう？　北海道名物ジンギスカンや、牧場でのんびりと草を食む羊の姿……。財産や宗教というイメージはどうもしっくりこないように思える。その理由は、日本と羊の歴史にありそうだ。

そもそも、日本に羊はいなかった。モンゴルから朝鮮半島を経て羊が日本に渡来したのは599年のこと。「日本書紀」に「秋九月癸亥朔百済貢駱駝一匹驢一匹羊二頭白雉一隻」とあり、百済《くだら》が日本に献上した羊2頭がその始まりである。その後も何度か羊が珍獣として献上された記録が残っている。当時の一般の人が献上品の羊を見る機会はほとんどなかったはずだ。だが、干支には「未《ひつじ》」が含まれているではないか、と不思議に思う人もいるだろう。たしかに干支が中国から日本に伝わったのは奈良時代以前だが、生きた羊が一般市民の目に触れるようになったのは明治時代以降といわれている。したがって、日本人は千年以上にわたって本物の羊を知らないまま、「山羊よりも角が小さくておとなしい動物」という漠然としたイメージしか持っていなかった。わずか150年ほど前までは、干支の未も辰《たつ》と同じように空想上の生き物だったのだ。

その後も日本で羊が増えなかった理由はいくつかある。羊に対して珍獣程度の認識しか持たず、あえて繁殖させなかったことはもちろん、肉食を禁止する仏教の影響や、獣毛を衣服に使う習慣がなかったことなどが考えられる。

1543年にポルトガル人を乗せた中国船が種子島に漂着したのをきっかけに日本とポ

ルトガルとの交流がはじまり、鉄砲とともに毛織物が日本に伝わると、貴重なウールの毛織物は将軍や大名などの武士階級のステータスの証となった。江戸幕府は輸入元のオランダに援助を求めて羊毛製品の国産化に乗り出すが、オランダも商売敵相手に牧羊のノウハウを教えるほどお人好しではない。計画は失敗し、幕府は中国から牧羊を学ぼうとしたものの、牧羊知識の欠如、高温多湿な気候、寄生虫や病気などの蔓延により、この計画も頓挫した。

時代が明治へと移り、洋装が導入されるにともなってウールの需要はますます高まった。そこで明治政府は北海道にアメリカと中国の専門家を招き、政府主導で羊の大規模飼育を試みた。だが、欧米型の大規模牧場経営ではなく、副業的な小規模飼育が定着するにとどまった。羊肉が初めて食されるようになったのもこの頃である。ウールが安価で輸入できるようになり、国産ウールの需要が低下した結果、羊を肉として利用する動きが高まったのだ。

その後、第一次世界大戦の勃発とともにイギリスなどがウールを輸出しなくなると、日本では国家主導の牧羊計画が再開され、第二次世界大戦後も続いた。しかし、高度経済成長によって労働力が急激に農村から都市に流入したことで飼育者が減り、牧羊は衰退の道をたどった。

しかし近年、日本人の間で羊が注目されるようになってきた。ラム肉である。輸送手段などの向上により、以前よりも鮮度の高いラム肉が入手できるようになったことに加え、ヘルシーで美容効果も高いとされ、人気はますます高まっている。そんなラム肉がふつうの家庭料理として日本人の食卓に日常的に並ぶ日はそう遠くないのかもしれない。本書を通じて羊の可能性を少しでも感じていただければ、幸いである。

最後に、原書房の中村剛さん、ならびに本書の翻訳にご協力いただいた皆様に厚くお礼申し上げる。

名取祥子

2019年7月

写真ならびに図版への謝辞

著者と出版社より、図版の提供と掲載を許可してくれた関係者にお礼を申し上げる。

以下にあげる写真以外はすべて著者による : Alamy: p. 13 (PRISMA ARCHIVO); Bazel: p. 55; © The Trustees of the British Museum: pp. 35, 39; © British Library Board: pp. 25, 65; Corbis: p. 37 (Elio Ciol); Davric: p. 100; JJ Harrison: p. 141; iStockphoto: pp. 6 (Artfolio- photo), 11, 84 (nicoolay), 108 (Artisan); Georges Jansoone JoJan: p. 32; Marie-Lan Nguyen (2006): p. 48; Shutterstock: pp. 20 (Aleksandar Todoorovic), 56 (ChameleonsEye) ; Victoria & Albert Museum, London: p. 38下

参考文献

Achaya, K. T., *Indian Food: A Historical Companion* (New Delhi, 1994)

Albala, Ken, *Eating Right in the Renaissance* (Berkeley, CA, 2002)

Anderson, E. N., *The Food of China* (New Haven, CT, 1988)

Arberry, A. J., Charley Perry and Maxime Rodinson, *Medieval Arab Cookery* (Totnes, 2001)

Bencini, Walter, *The Women of Zeri*, DVD (Chicago and Montevarchi, 2009)

Berriedale-Johnson, Michelle, *Food Fit for Pharaohs: An Ancient Egyptian Cookbook* (London, 1999)

Blatner, David, and Rabbi Ted Falcon, *Judaism for Dummies* (New York, 2001)

Bober, Phyllis Pray, *Art, Culture, and Cuisine: Ancient and Medieval Gastronomy* (London, 1999)

Bradshaw, George, *Bradshaw's Hand-book to the Turkish Empire* (Manchester, 1876)

Bruni, Frank, 'Where the Lore is Part of the Lure', www.newyorktimes.com, 14 December 2005

Campbell, Helen, *In Foreign Kitchens* (Boston, MA, 1893)

Campo, Juan E., *Encyclopedia of Islam* (New York, 2009)

Camporesi, Piero, Exotic Brew: *The Art of Living in the Age of Enlightenment* (Cambridge, 1990)

—, *The Magic Harvest: Food, Folklore and Society* (Cambridge, 1993)

Chang, K. C., *Food in Chinese Culture: Anthropological and Historical Perspectives* (New Haven, CT, 1977)

Coe, Andrew, *Chop Suey: A Cultural History of Chinese Food in the United States* (Oxford, 2009)

The Compleat English and French Cook (London, 1674)

Conkling, Alfred R., *Appletons' Guide to Mexico* (New York, 1891)

Cooper, Joseph, *The Art of Cookery Refin'd and Augmented* (London, 1654)

Courtine, Robert J., and Celine Vence, *The Grand Masters of French Cuisine: Five Centuries of Great Cooking* (New York, 1978)

Dalby, Andrew, *Siren Feasts: A History of Food and Gastronomy in Greece* (London, 1996)

Davidis, Henriette, *German National Cookery for American Kitchens* (Milwaukee, WI, 1904)
De Voe, Thomas F., *The Market Book* (New York, 1862)
Del Conte, Anna, *Gastronomy of Italy* (London, 2002)
DeRoma, Julius, and Peter Holbrook, *Kitchen Conquests of Ancient Rome* (Minneapolis, MN, 1975)
Dickens, Charles, *Household Words: A Weekly Journal* (March-September 1850)
Dickson Wright, Clarissa, and Jennifer Paterson, *Two Fat Ladies: Gastronomic Adventures (with Motorbike and Sidecar)* (London, 1996)
Fearnley-Whittingstall, Hugh, *The River Cottage Cookbook* (London, 2001)
Glasse, Hannah, *The Art of Cookery Made Plain and Easy* (London, 1784)
Grabhorn, Robert, *A Commonplace Book of Cookery* (San Francisco, CA, 1985)
Grottanelli, Cristiano, and Lucio Milano, eds, *Food and Identity in the Ancient World* (Padua, 2004)
Henderson, Fergus, *The Whole Beast: Nose to Tail Eating* (New York, 2004)
Hess, Karen, *Martha Washington's Booke of Cookery* (New York, 1981)
Lawson, Nigella, *Feast: Food that Celebrates Life* (New York, 2004)
Lewicka, Paulina B., *Food and Foodways of Medieval Cairenes* (Leiden, 2011)
McDaniel, Jan, *The Food of Mexico* (Philadelphia, PA, 2003)
Montanari, Massimo, and Alberto Capatti, *Italian Cuisine: A Cultural History* (New York, 1999)
Murray, John, *A Handbook for Travellers in Egypt* (London, 1875)
Newman, Jacqueline M., *Food Culture in China* (Westport, CT, 2004)
Paston-Williams, Sara, *The Art of Dining: A History of Cooking and Eating* (London, 1993)
Pei-Mei, Fu, *Pei-Mei's Chinese Cookbook*, vol. 1 (Taipei, 1969)
Perrier, Amelia, *A Winter in Morocco* (London, 1873)
Pilcher, Jeffrey M., *Que vivan los tamales! Food and the Making of Mexican Identity* (Albuquerque, NM, 1998)
Psilakis, Michael, *How to Roast a Lamb: New Greek Classic Cooking* (New York, 2009)
Riley, Gillian, *The Oxford Companion to Italian Food* (Oxford, 2007)
Rose, Peter G., *The Sensible Cook: Dutch Foodways in the Old and the New World* (Syracuse, NY, 1989)
Ross, Deborah, *The Manischewitz Passover Cookbook* (New York, 1969)

Rushworth, Dr William A., *The Sheep* (Buffalo, NY, 1899)
Samuelsson, Marcus, *The Soul of a New Cuisine: A Discovery of the Foods and Flavors of Africa* (Hoboken, NJ, 2006)
Scully, D. Eleanor, and Terence Scully, *Early French Cookery: Sources, History, Original Recipes and Modern Adaptations* (Ann Arbor, MI, 2000)
Scully, Terence, *The Neapolitan Recipe Collection: Cuoco Napoletano* (Ann Arbor, MI, 2000)
Segan, Francine, *The Philosopher's Kitchen: Recipes from Ancient Greece and Rome for the Modern Cook* (New York, 2004)
Simoons, Frederick J., *Food in China: A Cultural and Historical Inquiry* (Boca Raton, FL, 1991)
Sing Au, M., *The Chinese Cook Book* (Reading, PA, 1936)
Slow Food Foundation for Biodiversity, *The Ark of Taste*, www.slowfoodfoundation.com/ark, accessed 24 May 2012
Solomon, Jon, and Julia Solomon, *Ancient Roman Feasts and Recipes Adapted for Modern Cooking* (Miami, FL, 1977)
Soyer, Alexis, *The Pantropheon; or, History of Food, and its Preparation . . .* (Boston, MA, 1863)
Tannahill, Reay, *Food in History* (New York, 1988)
Tapper, Richard, and Sami Zubaida, *A Taste of Thyme: Culinary Cultures of the Middle East* (London, 2000)
Toussaint-Samat, Maguelonne, *A History of Food* (Chichester, 2009)
Tsai, Ming, *Blue Ginger* (New York, 1999)
Ude, Louis Eustache, *The French Cook: A System of Fashionable and Economical Cookery Adapted to the Use of English Families* (London, 1989)
Waines, David, *In a Caliph's Kitchen* (London, 1989)
Waters, Alice, *Chez Panisse Menu Cookbook* (New York, 1982)
Weiss Adamson, Melitta, ed., *Regional Cuisines of Medieval Europe: A Book of Essays* (New York, 2002)
Wilkins, John, *The Boastful Chef: The Discourse of Food in Ancient Greek Comedy* (Oxford, 2000)
Wilkins, John, David Harvey and Michael J. Dobson, eds, *Food in Antiquity: Studies in Ancient Society and Culture* (Exeter, 1995)
Willard, Pat, *America Eats!* (New York, 2008)

Witherspoon, Gary, 'Sheep in Navajo Culture and Social Organization', *American Anthropologist*, LXXVII/5 (October 1973), pp. 1141-8
Wolfe, Linda, *The Literary Gourmet: Menus from Masterpieces* (New York, 1985)
Ziegelman, Jane, *97 Orchard: An Edible History of Five Immigrant Families in One New York Tenement* (New York, 2010)

レシピ集

◉バムヤ（ラム肉とオクラのエジプトふうシチュー）

バムヤという伝統的なシチューには，ラム肉とオクラというエジプト料理にとってもっとも歴史のある材料が使われている。どうかオクラを嫌がらないでほしい。ネバネバしているのは加熱調理が十分ではないからで，決して腐っているわけでも，人を不快にさせるためでも，まずいからでもない。

（4人分）
サラダ油…大さじ3
粗びきコリアンダー…小さじ1
粗びきカルダモン…小さじ1
みじん切りにしたタマネギ…1カップ（125*g*）
ニンニク…4かけ（つぶして細かくきざんでおく）
シチュー用のラム肉…700*g*（2.5*cm*ほどの大きさに角切りにしておく）
カットトマト缶…2カップ（480*ml*）
塩…小さじ1
ひきたての黒コショウ…小さじ½
オクラ（丸ごと）…2カップ（240*g*）

1. 油，コリアンダー，カルダモンを大きめの鍋に入れ，スパイスに油が馴染むまで1分強ほど強めの中火で炒める。
2. 火を中火にしてタマネギとニンニクを入れ，タマネギがすき通るまで10分ほど炒める。
3. ラム肉を入れ，焦げないように混ぜながら焼き色がつくまで10分ほど炒める。
4. トマト，塩，コショウ，水1カップ（240*ml*）（分量外）を加え，ふたをして煮る。ときおりかき混ぜながらラム肉がやわらかくなるまで1時間ほど*煮込む。
5. 弱めの中火にしてオクラを入れる。オクラに火が通ってやわらかくなるまでときおりかき混ぜながら20分ほど煮る。
6. ラム肉とオクラがどちらも食べやすそうなやわらかさになったらできあがり。
7. 炊きたてのごはんを添えて供する。

* 骨なしラム肉を使用する場合（使用量は450*g*），調理時間は短縮される。

◉バスクふうラムシチュー

スペインとフランスにまたがるバスク地方の人々は昔からの羊飼いだ。よって，この地方のラム肉のシチューは料理名というよりは，ジャンルと呼ぶにふさわし

い。このレシピは，数多くあるラムシチューのレシピのなかでもシンプルさゆえに孤独な羊飼いの生活をよく表していると思い，本書で取り上げることにした。

(4人分)
ラード…大さじ2
パプリカパウダー…小さじ1
塩…小さじ1
ひきたての黒コショウ…小さじ½
シチュー用の骨なしラム肉…900g(2.5cmほどの大きさに角切りにしておく)
ニンニク…8かけ（つぶして細かくきざんでおく）
みじん切りにしたタマネギ…2カップ(320g)
ニンジン…中2本（2.5cm幅に切っておく）
ジャガイモ…中2個(角切りにしておく)
テーブルワイン(白)…2カップ(480ml)
イタリアンパセリ…大さじ2（細かくきざんでおく）

1. 鍋にラードを入れて中火にし，パプリカパウダー，塩，コショウを加える。スパイスと油が馴染むまで炒める。
2. ラム肉を入れ，焦げないように混ぜながら焼き色がつくまで15分ほど焼く。肉の色は灰色ではなく，茶色になるまで焼くこと。
3. 肉を鍋からいったん取り出し，別の容器に移す。
4. 鍋にニンニクとタマネギを入れ，焦げないようにときおりかき混ぜながら，タマネギ全体がすき通り，縁が茶色になりはじめるまで20分ほど炒める。
5. 4にニンジンとジャガイモを加え，さらに5分炒める。
6. 鍋にラム肉を入れ，ワインと水2カップ（480ml）（分量外）を加え，弱めの中火にしてふたをせずに煮る。ときおり混ぜながらフォークでつつけるぐらいラム肉がやわらかくなり，汁けが半分ぐらいになるまで1時間ほど煮込む。
7. イタリアンパセリを散らして，熱々のまま供する。

もともと，この料理にはレバーが欠かせない存在だった。でも，いまのバスクの人々にならってここではレバーは使わない。レバーを入れたい人は，レシピの最初にラードでパプリカパウダーを炒めるときに子羊のレバーを焼いてもよい。レバーが茶色くなれば鍋からいったん取り出して別の容器に移し，できあがったシチューを火から離す1分前に鍋に戻す。

……………………………………………

◉ベージャフライ（子羊の脳のインドふうカレー）

ベージャフライは，インドを訪れる人だけでなく，多くのインド人さえも恐怖に陥れる料理なのではないだろうか。内臓肉とスパイスの炒め物というのは，なかなかの組み合わせだ。それでも，ベージャフライは私たちには未知の方法でな

めらかな舌触りと鮮やかな風味が一緒になった，インド料理通には最高のご馳走なのだ。

(2人分)
リンゴ酢…大さじ1
塩…大さじ1と小さじ1（別々にしておく）
子羊の脳…350g(脳全体のおよそ¾)（きれいに洗っておく）
ギー(水分を蒸発させて精製したバター脂肪）またはバター…大さじ2
フレッシュまたは乾燥カレーリーフ…4枚
みじん切りにしたタマネギ…1カップ（160g)
ジンジャーガーリックペースト（インド食材店にて入手可）…大さじ1
チリパウダー…小さじ1
粗びきクミン…小さじ½
粗びきカルダモン…小さじ1
粗びきコリアンダー…小さじ1
粗びきフェヌグリーク…小さじ¼
フレッシュトマト…1カップ(240ml)（みじん切りにしておく）

1. 水1.9リットル（分量外）を鍋に入れ，リンゴ酢，塩（大さじ1)，子羊の脳を加えてふたをし，強火にかける。
2. 沸騰するまで加熱し，沸騰してからさらに1分煮る。
3. 火から離し，湯をよく切って脳を別の容器に移す。ゆで汁は捨てる。
4. 脳の粗熱が取れたら，親指の爪ぐらいの大きさに切る。
5. フライパン（スキレット）を弱めの中火で熱し，ギー（またはバター）を入れる。カレーリーフ，タマネギ，ジンジャーガーリックペーストを加え，タマネギ全体がしんなりしてすき通るまで15分ほど炒める。
6. チリパウダー，クミン，カルダモン，コリアンダー，フェヌグリーク，塩（小さじ1）を加え，スパイスがタマネギになじみ，粉っぽさがなくまるまで1分ほど炒める。
7. トマトと水½カップ（120ml)（分量外）を加え，トマトがやわらかくなってタマネギやスパイスと馴染むまでときおりかき混ぜながら20分ほど加熱する。
8. 脳を加えて火が十分通るまで10分ほどときおりまぜながら煮込む。
9. 熱々のまま、インド料理らしくナン，チャパティ，バスマティ米を添えて供する。

…………………………………………

◉子羊のすね肉のトマト煮込み

1990年代初頭，ほとんどの人にとって子羊のすね肉はまったく馴染みのないものだった。その10年後，すね肉はラム肉のなかでももっとも人気の部位となった。このレシピは，まさに子羊のすね肉を人気者へと変えた定番料理だ。ラム肉をソースふうのシチューで煮込む一方，風味が増すように骨つきの塊の状態

で調理する。時間をかけてじっくり煮込むことで肉を硬くしていた結合組織が溶け，ちょうどいい具合にとろみのあるソースに仕上がる。

（2人分）
オリーブ油…大さじ2
子羊のすね肉…2塊（約700*g*）
乾燥タイム…小さじ1
乾燥オレガノ…小さじ1
乾燥ローズマリー…小さじ1
ひきたての黒コショウ…小さじ1
薄切りにしたタマネギ…2カップ（320*g*）
ニンニク…6かけ（つぶして細かくきざんでおく）
赤ワイン…1カップ（240*ml*）
カットトマト缶またはパッサータ（裏ごししたトマトのピュレ）…2カップ（480*ml*）
ケーパー…大さじ1（好みに応じて塩抜きしておく）

1. オリーブ油と子羊のすね肉をキャセロール鍋（ダッチオーブン）に入れ，強めの中火で調理する。焦げないようにときおり肉の向きを変え，きれいな焼き色がつくまで10分ほど加熱する。茶色になったら肉をいったん取り出し，別の容器に移す。鍋に残った汁けなどは拭かずにそのままにしておく。
2. 火を中火にして鍋にタイム，オレガノ，ローズマリー，コショウを加え，スパイスのいい香りがするまで1分ほど炒める。タマネギとニンニクを加え，タマネギ全体がすき通り，縁が茶色になりはじめるまで10分ほど炒める。
3. 火を弱めの中火にし，ワイン，パッサータ（またはトマト缶），ケーパー，水1カップ（240*ml*）（分量外）を加える。
4. すべての具材がよく馴染んだら，すね肉を鍋に戻す。
5. ふたをして，フォークでほぐれるほど肉がやわらかくなるまで2時間ほど煮込む。煮込んでいるあいだは3～4回ほどすね肉を返さなければいけないが，それ以外はそのままにして問題ない。
6. ソースの味見をする。好みに応じて塩加減を調整すればできあがり。
7. 米またはポレンタを添えて供する。

……………………………………………

◉マトンのもも肉の煮込み

マトンを上手く調理するのは簡単ではない。成功の秘訣は，きちんとした肉用温度計とふたつきの大きな鍋でたっぷり時間をかけて調理することだ。

（8人分）
薄切りにしたタマネギ…4カップ（600*g*）
ニンニク…3株（皮はむかずに半分に切っておく）
乾燥ローズマリー…大さじ1
乾燥オレガノ…大さじ1

乾燥タイム…小さじ1
塩…大さじ1
ひきたての黒コショウ…大さじ1
マトンの骨つきもも肉…1塊（約3.5*kg*）
赤ワイン（重口）…2本

1. ロースト皿に薄切りにしたタマネギとバラバラにしたニンニクを層にして敷きつめる。
2. ローズマリー，オレガノ，タイム，コショウをタマネギとニンニクに振りかけ，いちばん上にマトンのもも肉をのせる。
3. 赤ワイン1本を注ぎ，皿の底までワインがいきわたるようにしっかり揺らしてから，熱していない状態のオーブンに入れる。
4. ふたをして，オーブンを110℃に設定し，肉のいちばん分厚い部分に差し込んだ肉用温度計が71℃になるまで6時間ほど焼く。均等に火が通るよう，1時間おきに肉を返す。汁けがなくなってきたら，タマネギがひたひたになり，十分な湿度で調理できるよう，赤ワインを1カップ（240*ml*）ごと足す。
5. 火が通ったらオーブンから肉を取り出し，室温で20分ほど休ませる。
6. 巨大なもも肉を切るように――実際にそうなのだが――堂々とナイフを入れ，切り分ける。

……………………………………………

◉チェロ・ケバブ（ラム肉のイランふう串焼き）

チェロ・ケバブはイランの代表的料理だ。ラムひき肉と中東のスパイスを組み合わせたシンプルなチェロ・ケバブは，ストリートフードからフォーマルな食事の場にいたるまで，幅広く登場する。行く先々で愛されている料理なのだ。

（ケバブ8個分，およそ4人分）
ラムひき肉…900*g*
卵…3個
細かくみじん切りにしたタマネギ…1カップ（180*g*）
粗びきターメリック…小さじ2
粗びきシナモン…小さじ½
スマック（ウルシ科の低木の果実を乾燥させたスパイス）…小さじ2
塩…小さじ½
ひきたての黒コショウ…小さじ1

1. ラムひき肉，卵，タマネギ，ターメリック，シナモン，スマック，塩コショウを大きめのボウルに入れ，すべての材料が均等に馴染むまでかき混ぜる。
2. 1を平たいホットドッグ状のパテにし，最低1時間，冷蔵庫で休ませる。好みに応じて串刺しにする。
3. パテの外側にきれいな焦げ目がつくまで，返しながらそれぞれの面を3分ほど熱々のグリルで調理する。
4. グリルを使わない場合は，オーブンを190℃（海外製ガスオーブンの場合はガスマーク5）で40分，または肉に十分火が通ってきれいな焼き色がつく

まで焼く。
5. バスマティ米とバターをひとかけ添えて供する。

◉ラム肉のインドふうドライカレー

ラム肉のインドふうドライカレーは，私たちがよく知っているとろみのあるカレーとは違うドライなものだが，まったく汁けのないラムチョップのグリルとも違う。パワフルなマリネードが最高においしいソースとして力を発揮している。

(4人分)
タマネギ…大1個（粗みじんに切っておく）
新鮮なショウガ…2.5*cm*大（皮はむいておく）
ニンニク…8かけ
粗びきクミン…小さじ1
ひきたての黒コショウ…小さじ1
粗びきコリアンダー…小さじ2
ガラムマサラ…小さじ½
塩…小さじ½
ターメリック…小さじ1
シチュー用ラム肉…450*g*（2.5*cm*ほどの大きさに角切りにしておく）
サラダ油…大さじ2
新鮮な青トウガラシ…大さじ2（薄切りにしておく）
カレーリーフ…8枚（細かくちぎっておく）

1. タマネギ，ショウガ，ニンニクをフードプロセッサーに入れ，とろみのあるペースト状になるまで混ぜる。
2. 1にクミン，塩コショウ，コリアンダー，ガラムマサラ，ターメリックを加え，スパイスを均等に混ぜる。
3. 2とラム肉を大きめのボウルに入れ，ペーストが肉全体にかかるようにする。ラップをかけて最低1時間冷蔵庫に入れ，マリネ漬けにする。
4. サラダ油と青トウガラシを大きめのフライパン（スキレット）に入れ，中火で炒める。青トウガラシの縁が茶色くなりはじめるまで，かき混ぜながら5分ほど炒める。
5. マリネ漬けにしたラム肉を加え，肉に十分火が通り，ソースに苦味がなくなるまで，30分ほど加熱する。
6. カレーリーフを加え，さらに1分炒める。
7. インドのコース料理の一品として熱々のまま供する。

◉オランダふうラムシチュー

オランダ料理はマイナーすぎるあまり，何度かオランダを訪れているにもかかわらず，料理となると何ひとつ浮かばなかった。いまではオランダふうラムシチューという料理の存在を知っただけでなく，おいしく調理できるようにもなった。

（4人分）

プレーンフラワー（ベーキングパウダーが入っていない小麦粉）または中力粉…75g

乾燥タイム…小さじ2

塩…小さじ½

ひきたての黒コショウ…小さじ½

シチュー用の骨なしラム肉…900g（1cmほどの大きさの角切りにしておく）

オリーブ油…¼カップ（大さじ4）

バター…大さじ2

タマネギ…4カップ（640g）（みじん切りにしておく）

新鮮なニンニク…8かけ

カットトマト缶またはパッサータ…1カップ（240ml）

赤ワイン…2カップ（480ml）

ローリエ…3枚

黒オリーブ…½カップ（115g）（みじん切りにしておく）

新鮮なパセリ…大さじ2（みじん切りにしておく）

1. プレーンフラワー（または中力粉），タイム，塩コショウを密閉できる袋（フリーザーバッグなど）に入れ，何度か振って材料を均等に混ぜる。
2. 切ったラム肉を加え，十分馴染むまで袋を振る。
3. 中火にしてキャセロール鍋（ダッチオーブン），または大きめのシチュー鍋にオリーブ油とバターを入れ，バターが溶けたらラム肉を加える。肉にきれいな焼き色がつくまで何度も返しながら調理する。少量ずつ調理するのがおすすめ。肉を鍋からいったん取り出して別の容器に移し，鍋に残った汁けなどは拭かずにそのまま火にかけておく。
4. タマネギとニンニクを鍋に入れ，タマネギがあめ色になり，タマネギと肉汁が馴染むまで10分ほど炒める。
5. 火を弱火にし，ときおりかき混ぜながら鍋の中身が半分ぐらいの量になるまで40分ほど煮込む。
6. トマト缶（またはパッサータ），ワイン，ローリエを加え，しっかりかき混ぜてから調理したラム肉を加える。
7. 火を弱めの中火にしてふたをし，ときおりかき混ぜながらラム肉がやわらかくなり，ソースができるまで1時間半ほど煮込む。
8. みじん切りにした黒オリーブとパセリを加え，オリーブの風味が馴染むまでふたなしで10分ほど煮込む。メインの品として熱々で供する。

この料理を食卓に出すまで時間がある場合は，オリーブとパセリは別にしておき，シチューを加熱してから加える。

……………………………………………

◉子羊の腎臓のソテー

私たちがふだん口にする家畜のなかではめずらしく，子羊の腎臓はグリルや炒め物にぴったりの繊細な風味と質感を備

えている。アメリカの消費者特有の悩みがあるとしたら，腎臓などの部位は，加工業者にとって国内で販売するよりも輸出しやすいことにある。その結果，アメリカで子羊の腎臓にお目にかかれるチャンスはめったにない。それでも，行きつけの精肉店で辛抱強く待っていれば，ふだんなら高級フランス料理店に納品するはずのものをそっと取り置いてくれるだろう。

（2人分）
子羊の腎臓…450*g*（およそ4つ分）
塩…小さじ1
ひきたての黒コショウ…小さじ1
バター…大さじ2

1. ひとつひとつの腎臓を縦に半分に切り，硬い脂肪の部分を取り除く。両面に塩コショウを振りかける。
2. フライパン（スキレット）を中火にかけてバターを溶かし，両面が茶色くなりはじめるまで2分ほど腎臓をソテーする。
3. 熱々のまま供する。温めたマスタードを少し添えてもよい。

………………………………………………

◉ナヴァラン・プランタニエ（フランスふうラムシチュー）

フランス人にとってカブとラム肉は春の味覚だ。この伝統的なナヴァラン・プランタニエのレシピでは，ふたつの素材が一緒に味わえる。

（4人分）
プレーン・オールパーパスフラワー（ベーキングパウダーが入っていない中力粉）…½カップ（70*g*）
塩…小さじ1
ひきたての黒コショウ…小さじ1
骨なしシチュー用ラム肉…900*g*（2.5*cm* ほどの大きさに角切りにしておく）
サラダ油…大さじ2
ニンニク…1かけ（つぶしておく）
乾燥タイム…小さじ1
ローリエ…1枚
ビーフブイヨン（またはビーフブロス）…3カップ（700*ml*）
カットトマト缶またはパッサータ…½カップ（120*ml*）
白ワイン（辛口）…1カップ（240*ml*）
きれいに洗って皮をむいたベビーキャロット…1束（入手できるなら，大きいニンジンをカットしたものではなく，本物のベビーキャロットを使うのがおすすめ）
レッドポテト…2カップ（300*g*）（くし切りにしておく）
カブ…1カップ（150*g*）（皮をむいてくし切りにしておく）
ベビーオニオン（またはパールオニオン）…1カップ（190*g*）（入手できるならフレッシュなものが好ましいけれど，冷凍物でも可）
グリーンピース…1カップ（120*g*）（入

手できるならフレッシュなものが好ましいけれど，冷凍物でも可）

1. 中力粉，塩コショウを密閉できる大きめの袋（フリーザーバッグなど）に入れる。
2. ラム肉を少しずつ入れ，中力粉と塩コショウがしっかり均等に馴染むまで袋を振る。
3. キャセロール鍋（ダッチオーブン）にサラダ油をひき，強火で肉に少しずつ焼き色がつくまで焼く。
4. 肉が焼けたら鍋からいったん取り出し，別の容器に移す。鍋に残った汁けなどは拭かずにそのままにしておく。
5. 弱めの中火にしてニンニク，タイム，ローリエを入れる。軽くかき混ぜてからラム肉，ビーフブイヨン（またはビーフブロス），トマト缶（またはパッサータ），白ワイン，ベビーキャロット，レッドポテト，カブを加える。ふたをして，ラム肉がやわらかくなりはじめるまでときおりかき混ぜながら40分ほど煮込む。
6. ベビーオニオン（またはパールオニオン）を加え，野菜がやわらかくなるまでさらに20分ほど煮込む。
7. ローリエを取り出し，熱々のまま供する。

………………………………………………

◉ギロス（ギリシャふうラム肉パテのグリル）

ラムひき肉とスパイスを組み合わせたパテのおかげで，このギロスのレシピでは正真正銘の伝統的なギリシャの味が楽しめる。ケバブショップのグリルでローストされているようなペースト状の大きな灰色の物体とはまったくの別物だ。

（4人分）
粗みじんに切ったタマネギ…大1個
ニンニク…3かけ
ラムひき肉…900g
塩…小さじ2
ひきたての黒コショウ……小さじ1
粗びきクミン…小さじ2
乾燥オレガノ…小さじ2
粗びきナツメグ…小さじ1
乾燥ローズマリー…小さじ1
乾燥タイム…小さじ1
油，またはグリルパン用のオイルスプレー

1. タマネギとニンニクをフードプロセッサーに入れて細かくする。
2. 1をフードプロセッサーから出し，モスリン（またはチーズクロス）を敷いた水切り用のボウルで濾す。汁けがなくなるまで，タマネギとニンニクを強く押す，または絞る。
3. 大きめのボウルに濾したタマネギとニンニク，ラムひき肉，塩コショウ，クミン，オレガノ，ナツメグ，ローズマリー，タイムを入れてよくかき混ぜる。木のスプーンやジャガイモつぶし器を使ってもいいが，手で混ぜるのが

いちばんおすすめ。

4. 3を均等によく混ぜ，風味が馴染むようにラップをかけて冷蔵庫で最低1時間は休ませる。
5. 4をパテ状にし，しっかり油をひいたグリルパンにのせて強火で焼く。両面に火が通るよう，それぞれの面を7分ほど焼く。肉に火が通り，焦げ目がつくまでグリルする。
6. ヨーグルトとキュウリを混ぜたギリシャの伝統的なディップ「ザジキ」，またはチリソースを添えて供する。

…………………………………………

◉フーナンラム

1970年代にアメリカ中の中華料理店で「湖南省のラム肉」を意味する「フーナンラム」という料理が彗星のごとく現れた。それは，当時の四川／湖南地方の食革命の一環だった。年配の人々にとっては，ラム肉が中華料理のメニューに復活したのはちょっとした驚きであり，そのほかの人々は「フーナンラム」のようなスパイシーな新しい料理を喜んで受け入れた。

(4人分)
骨なしシチュー用ラム肉…450*g*
醤油…¼カップ（大さじ4）
紹興酒…¼カップ（大さじ4）
砂糖…小さじ1
ピーナッツ油…大さじ3
乾燥させた四川トウガラシ（丸ごと）…3～6本
新鮮なショウガ…大さじ1（きざんでおく）
ニンニク…3かけ（つぶして細かくきざんでおく）
スプリングオニオン（エシャロット），またはニラ…1カップ（90*g*）（5*cm*ほどの長さに切っておく）

1. ラム肉を20～30分ほど冷凍庫に入れておく。冷凍庫に入れることで肉が引き締まり，スライスしやすくなる。幅0.25*cm*，縦2.5*cm*ほどの細切りにする。
2. 醤油，紹興酒，砂糖を大きめのボウルに入れ，細切りにしたラム肉を加える。調味料が肉と均等に馴染むようにする。最低1時間冷蔵庫に入れ，マリネ漬けにする。
3. いちばん火力が強いコンロに中華鍋をのせ，ピーナッツ油をひいて加熱する。炒めるように揚げられるよう，できる限り鍋を温める。
4. 四川トウガラシ，ショウガ，ニンニクを入れ，ニンニクがキツネ色になりはじめるまで1分ほど炒める。
5. マリネ漬けにしたラム肉を加え，肉に焼き色がつきはじめるまで3分ほど炒め続ける。
6. スプリングオニオン（エシャロット），またはニラを加え，しんなりするまで2分ほど炒め続ける。
7. 仕上げにあおるように鍋を振り上げ，米を添えて供する。

◉ホレッシュ・アールー(ラム肉とプルーンのイランふうシチュー)

やっと友人たちにラム肉を受け入れてもらえるようになったところで，プルーンという新たな食材が行く手を阻もうとする。“ドライプラム”への改名が検討されるほど，プルーンは不人気だ。

(4人分)
精製したバター(またはギー)…¼カップ（大さじ4）
シチュー用ラム肉…900*g*（2.5*cm*ほどの大きさに角切りにしておく）
粗びきターメリック…小さじ1
粗びきシナモン…小さじ½
タマネギ…2カップ（320*g*）（みじん切りにしておく）
チキンブイヨン（またはチキンブロス）…2カップ（480*ml*）
塩…小さじ½
ひきたての黒コショウ…小さじ1
種なしプルーン…1カップ（230*g*）
搾りたてのライム汁…¼カップ（大さじ4）
ライトブラウンシュガー…大さじ1

1. 厚手の鍋にバターを入れて強めの中火で加熱し，ラム肉が茶色になるまで焼く。それぞれの面に焼き色がつくには数分かかる。焼き色がついたら，鍋からいったん取り出して別の容器に移す（人によっては，肉を少量ずつ焼いたほうが焼きやすい場合もある)。
2. 火を弱めの中火にしてターメリック，シナモン，タマネギを入れる。タマネギ全体がすき通り，縁が茶色になりはじめるまで20分ほど炒める。
3. チキンブイヨン（またはチキンブロス）と塩コショウを加え，ラム肉を鍋に戻す。ふたをして，ときおりかき混ぜながら肉がやわらかくなりはじめるまで1時間ほど煮込む。
4. プルーン，ライム汁，ライトブラウンシュガーを加える。ふたをして，プルーンに十分火が通り，ラム肉がすっかりやわらかくなるまでときおりかき混ぜながらさらに30分ほど煮込む。
5. 熱々で皿に盛り，バスマティ米を添える。

◉スタヴァック（アイリッシュシチュー）

私はてっきり，アイリッシュシチューとは牛肉，ジャガイモ，ニンジンをハーブたっぷりのブラウンソースで煮込み，味に深みを与えるためにギネスを入れたものだと思っていた。でも，それは大間違いだった！　私の記憶のアイリッシュシチューは，正確には「アメリカンシチュー」と呼ぶべき料理だった。アイルランドで単に「シチュー」を意味する本物のアイリッシュシチューは，たいていラム肉を使っている（オリジナルのレシピにこだわる人はマトンを使う)。オリジナルのレシピは，マトン，タマネギ，

パセリ，塩だけのシンプルなものだ。ここで紹介する19世紀版では，ジャガイモとニンジンも登場する。

（4人分）
骨つきシチュー用ラム肉…900*g*
塩…小さじ1
タマネギ…2カップ（300*g*）（4等分に切っておく）
ニンジン…2カップ（280*g*）（皮をむいて2.5cm幅に切っておく）
ジャガイモ…2カップ（300*g*）（皮をむいて2.5cm幅に切っておく）
パセリ…½カップ（120*ml*）（きざんでおく）

1. 大きめの鍋にラム肉，塩，水8カップ（1.9リットル）（分量外）を入れる。ふたをして弱めの中火で加熱する。ときおりかき混ぜながら，フォークでほぐれるぐらい肉がやわらかくなるまで3時間ほど煮る。浮いてきたあくを取る。
2. タマネギ，ニンジン，ジャガイモ，パセリを加えて，ときおりかき混ぜながらジャガイモが十分やわらかくなるまで1時間ほど煮込む。汁けが多すぎる場合は，ふたをとって水分を蒸発させる。汁けが足りない場合は，肉と野菜が隠れるまで水を加える。
3. パンとアイリッシュスタウトと一緒に供する。オリジナルのレシピにあまりこだわらない人であれば，チリソース1滴，またはスプーン1杯分のマスタードを加えてもよい。

………………………………………………

◉ラルサの石板に記されていた材料でつくるラム肉のブイヨン

この料理のレシピを本物のメソポタミア料理と呼ぶにはあまりに疑問点が多い。それに，古代メソポタミアの人々が今日の私たちと同じように羊の肉だけを食べたとは考えにくい。当然ながら，羊の血や内臓肉も使っていたはずだ。正確な調理時間もわからなければ，きっといまのラム肉の調理方法ともかなり違うだろう。学者たちはこの料理を「ブイヨン」と訳したものの，実際は私たちがイメージするブロスではなく，もっと贅沢なポリッジ（オートミールや穀類を水か牛乳で煮た粥）のようなシチューだったことにも注目したい。いくつかの詳細が抜けているのを承知で，知識を頼りにつくってみよう。

（4人分）
ラードまたは食用油…大さじ2
タマネギ…1カップ（160*g*）（みじん切りにしておく）
クミンシード（丸ごと）…大さじ1
緑の部分を少しだけ残して薄切りにしたリーキ（西洋ニラネギ）…1カップ（180*g*）
ニンニク…3かけ（つぶして細かくきざんでおく）
塩…小さじ1
骨つきシチュー用ラム肉…450*g*
ホールウィートベリー（未精製の小麦

粒）…1カップ（240ml）（最低24時間は水につけてから水けを切っておく）

1. ラードまたは食用油，タマネギ，クミンシード，リーキ，ニンニク，塩を大きめの鍋に入れ，中火で加熱する。
2. タマネギ全体がすき通り，縁が茶色になりはじめるまで10分ほど炒める。
3. ラム肉を加えて，肉に焼き色がつくまでときおりかき混ぜながら20分ほど炒める。
4. 火を強火にして，水5カップ（1.2リットル）（分量外）と水につけたホールウィートベリーを加え，沸騰するまで加熱する。沸騰してから1分ほどそのままにし，弱めの中火にして，肉が十分やわらかくなるまでときおりかき混ぜながら90分ほど煮込む。
5. スープ用のボウルに取り分けて供する。

◉子羊の睾丸のフライ

作家ロレンツォ・マガロッティが好んだラードで炒める方法を試してみたい？　または，今日の多くの人々のようにオリーブ油で食べるのもいいだろう。いずれにしても，風味豊かで贅沢な子羊の睾丸のフライは，どんなディナーパーティーでもゲストたちをびっくりさせるに違いない。

（4人分）
子羊の睾丸…900g
プレーンフラワー（ベーキングパウダーが入っていない小麦粉）または中力粉…1カップ（70g）
塩…小さじ1
ひきたての黒コショウ…小さじ1
オリーブ油*…大さじ2
* 食の歴史マニアは，オリーブ油の代わりにラードを使ってみよう。その際，水素が添加されていないラードを必ず使用すること。

1. 子羊の睾丸の皮をむく。外膜の縁を見つけて，そこにナイフで切り込みを入れると簡単。切り込みから肉と外膜のあいだに指を入れてはがすと，一気に皮がむける。皮をむき終ったら2.5cmの角切りにする。
2. プレーンフラワー（または中力粉）と塩コショウを大きめのボウルに入れる。肉に均等に粉をまぶす。
3. フライパン（スキレット）にオリーブ油を入れて，強めの中火で睾丸を揚げるように炒める。両面に火が通るように反対側もよく焼く。
4. レモン汁やチリソースを添えて熱々のまま供する。

◉「モンゴルふう」ラム肉の火鍋

中華料理にくわしい人なら誰もがこの料理名は「モンゴリアン・ホットポッ

ト」だと教えてくれるだろう。名前にひとつ問題点があるとしたら，モンゴルふうの調理方法が若干使われているかもしれないものの，この料理は紛れもなく中華料理であることだ。ラム肉の火鍋でディナー客をもてなせば大人は大喜びし，子どもは大はしゃぎして手や服を汚すだろう。火鍋はもちろん，この料理に必要なものはすべて，きちんとしたレストランで食事するよりもずっと手頃な値段で地元の中華食材店で手に入る。

（4人分）

マイルドな風味のチキンブイヨン（またはチキンブロス）…8カップ（1.9リットル）

調理用の中国酒…大さじ1

醤油…大さじ1

新鮮な根ショウガ…3切れ（それぞれ1円玉ぐらいの薄さに切っておく）

ニンニク…3かけ（つぶしておく）

骨なしラム肉…450g（しゃぶしゃぶ用*に薄切りにしておく）

トウガラシの中華ふうペースト…¼カップ（大さじ4）

豆腐…225g（サイコロぐらいの大きさに切っておく）

豆苗（とうみょう。エンドウの若菜）…1カップ（150g）

生の小麦粉製中華麺…225g

* アジア食材店の冷凍肉コーナーにあるので，探してみよう。同じコーナーで売っている牛や豚の薄切り肉を好みに応じて使ってもよい。

1. 電気火鍋をテーブルの真ん中にセットし，チキンブイヨン（またはチキンブロス），調理用の中国酒，醤油，根ショウガ，ニンニクを入れて電源をオンにする。ときおりかき混ぜながら，最低1時間は加熱する。鍋つゆが蒸発してしまった場合は水を加える。
2. ゲストが火鍋を囲んで着席したら，テーブルの真ん中に生の薄切りラム肉を置き，ゲストひとりひとりの前に小皿，箸，とんすいをセットする。このとき，トウガラシのペーストも出しておく。
3. ゲストを促して，熱々の鍋つゆにラム肉をくぐらせてしゃぶしゃぶを楽しんでもらう。ゲストたちが遠慮しているようなら自分で薄切り肉を数枚入れよう。肉は数秒で火が通る。その肉に辛いソースをからめて食べる。食べ終わる前に鍋つゆがなくなってしまったら，最初と同じぐらいのところまで水を足す。
4. ラム肉がなくなったら豆腐，豆苗，中華麺を熱々の鍋つゆ（ラム肉のおかげで最高のだしがとれている）に入れる。ときおりかき混ぜながら，中華麺がやわらかくほぐれるまで8分ほど加熱する。熱々のまま取り分ける。鍋つゆがなくなったらすぐに火鍋の電源をオフにするのも忘れずに。

◉プロフ（ウズベキスタンふうラム肉のピラフ）

大きな鍋いっぱいのラム肉，米，野菜（そしてたっぷりのニンニク）が入ったプロフは，大事な祭りの時期にウズベキスタンで食される料理だ。鍋ひとつでつくれるお手軽料理としてもいいし，コースのメインディッシュとするのもいい。いずれにしても，ニンニクは絶対忘れずに！

（4人分）
サラダ油…大さじ2
シチュー用の骨なしラム肉…450*g*（2.5*cm*ほどの大きさに角切りにしておく）
薄切りにしたタマネギ…2カップ（300*g*）
千切りにしたニンジン…1カップ（125*g*）
ニンニク…2株（皮をむかずに軽く水で洗っておく）
クミンシード（丸ごと）…大さじ1
コリアンダーシード（丸ごと）…大さじ1
乾燥バーベリー（メギ属の低木の実）…¼カップ（大さじ4）
バスマティ米…1カップ（200*g*）（洗って水けを切っておく）
塩…小さじ1

1. 鍋にサラダ油をひいて強火で加熱する。ラム肉を加えて，焼き色がつくまで（灰色ではなく，茶色になるまで）ときおりかき混ぜながら5分ほど炒める。
2. 肉を鍋からいったん取り出し，別の容器に移す。鍋は火にかけたまま，弱めの中火にする。
3. 空になった鍋にタマネギを入れ，茶色くなったラムの肉汁とタマネギが馴染んでタマネギ全体がすき通り，縁が茶色になりはじめるまで20分ほど炒める。
4. 3にニンジン，ニンニク（株のまま丸ごと），クミンシード，コリアンダーシード，バーベリーを加えてラム肉を鍋に戻し，水1½カップ（350*ml*）（分量外）を加えてふたをする。ときおりかき混ぜながら，ラム肉がやわらかくなるまで35分ほど煮込む。
5. 強火にし，さらに水1½カップ（350*ml*）（分量外）を足して沸騰させる。沸騰させるあいだも具材が鍋にくっついてしまわないよう，ときおりかき混ぜる。沸騰したらバスマティ米と塩を加える。
6. 材料がよく混ざるよう，最後にしっかりかき混ぜ，弱めの中火にしてふたをする。米がしっかり水分を吸収できるよう，ふたをあけずに20分ほどじっくり煮込む。
7. 熱々のまま全員にニンニクがいきわたるよう取り分ける。

◉ズゥア・ファン（ウイグルふうラムライス）

このレシピは，私がいままで出くわしたもののなかでもいちばん謎の多いものだ。この料理には中国，ウズベキスタン，そしておそらくウイグルの要素もある。鍋で調理するピラフのような米料理，あるいはパキスタン料理のビリヤニの遠い親戚かもしれない。四川の花椒（かしょう／ホアジャオ），醤油，クミンが少なくともふたつの文化の橋渡しになっている。

（4人分）
ピーナッツ油…大さじ2
花椒…小さじ2
粗びきクミン…小さじ1
ひきたての黒コショウ…小さじ1
子羊の骨つき肩肉*…1.1*kg*
粗みじんにした白タマネギ（または黄タマネギ）…1カップ（150*g*）
薄切りにしたニンジン……1カップ（150*g*）
シイタケ…1カップ（120*g*）（薄切りまたはきざんでおく）
醤油…大さじ2
白い短粒米…2カップ（420*g*）
* 調理後のほうが骨は取り除きやすい。

1. ピーナッツ油，花椒，クミン，黒コショウを大きめの鍋に入れて強めの中火で加熱する。油がスパイスに馴染むよう1分ほど炒める。
2. 鍋に子羊の肩肉を加えて，ときおりかき混ぜながら十分に焼き色がつくまで15分ほど焼く。肉を鍋からいったん取り出し，別の容器に移す。
3. 肉汁，スパイス，油が残った鍋にタマネギ，ニンジン，シイタケ，醤油を加えてタマネギがアメ色になりはじめるまで5分ほど炒める。
4. 強火にして水6カップ（1.4リットル）（分量外）とラム肉を3に加えて沸騰させる。沸騰後も1分ほど煮てから弱めの中火にし，ふたをする。ときおりかき混ぜながら，骨が肉から取れるぐらいやわらかくなるまで1時間半ほど煮込む。再び肉を鍋から取り出し，別の容器に移す。
5. 強火にして煮汁を沸騰させてから米を加える。米が均等にいきわたるよう何回かかき混ぜ，火を弱めの中火にしてふたをする。米がしっかり水分を吸収できるよう，25分ほどじっくり煮込んでから，火を止める。
6. ラム肉の骨を取り除き，米と野菜を覆うようにのせる。5分ほどそのままの状態で肉を余熱で温める。
7. 骨を取り除いて捨て，熱々のまま供する。

ブライアン・ヤーヴィン（Brian Yarvin）
フードライター，写真家。『麺の世界 *A World of Noodles*』『トマト料理大全 *The Too Many Tomatoes Cookbook*』ほか著書多数。世界の料理についての取材記事をワシントンポスト他に積極的に寄稿する。アメリカ，ペンシルベニア州在住。

名取祥子（なとり・しょうこ）
上智大学文学部フランス文学科卒。英語，フランス語の翻訳者として，ファッションや化粧品の分野を中心に実務翻訳を手がけるとともに，Rolling Stone 誌の日本版ウェブサイト記事の邦訳を担当。訳書に『*The Mr Porter Paperback: The Manual for a Stylish Life Volume One*』（トランスワールドジャパン／2018年）がある。

Lamb: A Global History by Brian Yarvin
was first published by Reaktion Books in the Edible Series, London, UK, 2015
Copyright © Brian Yarvin 2015
Japanese translation rights arranged with Reaktion Books Ltd., London
through Tuttle-Mori Agency, Inc., Tokyo

「食《しょく》」の図書館《としょかん》

ラム肉の歴史《れきし》

●

2019 年 *7* 月 *30* 日　第 *1* 刷

著者……………ブライアン・ヤーヴィン
訳者……………名取祥子《なとりしょうこ》
装幀……………佐々木正見
発行者……………成瀬雅人
発行所……………株式会社原書房

〒 160-0022 東京都新宿区新宿 1-25-13
電話・代表 03(3354)0685
振替・00150-6-151594
http://www.harashobo.co.jp

印刷……………新灯印刷株式会社
製本……………東京美術紙工協業組合

© 2019 Shoko Natori

ISBN 978-4-562-05654-5, Printed in Japan

トリュフの歴史 《「食」の図書館》

ザッカリー・ノワク著　富原まさ江訳

かつて「蛮族の食べ物」とされたグロテスクなキノコはいかにグルメ垂涎の的となったのか。文化・歴史・科学等の幅広い観点からトリュフの謎に迫る。フランス・イタリア以外の世界のトリュフも取り上げる。　２２００円

ブランデーの歴史 《「食」の図書館》

ベッキー・スー・エプスタイン著　大間知知子訳

「ストレートで飲む高級酒」が「最新流行のカクテルベース」に変身…再び脚光を浴びるブランデーの歴史。蒸溜と錬金術、三大ブランデーの歴史、ヒップホップとの関係、世界のブランデー事情等、話題満載。　２２００円

ハチミツの歴史 《「食」の図書館》

ルーシー・M・ロング著　大山晶訳

現代人にとっては甘味料だが、ハチミツは古来神々の食べ物であり、薬、保存料、武器でさえあった。ミツバチと養蜂、食べ方・飲み方の歴史から、政治、経済、文化との関係まで、ハチミツと人間との歴史。　２２００円

海藻の歴史 《「食」の図書館》

カオリ・オコナー著　龍和子訳

欧米では長く日の当たらない存在だったが、スーパーフードとしていま世界中から注目される海藻…世界各地のすぐれた海藻料理、海藻食文化の豊かな歴史をたどる。日本の海藻については一章をさいて詳述。　２２００円

ニシンの歴史 《「食」の図書館》

キャシー・ハント著　龍和子訳

戦争の原因や国際的経済同盟形成のきっかけとなるなど、世界の歴史で重要な役割を果たしてきたニシン。食、環境、政治経済…人間とニシンの関係を多面的に考察。日本のニシン、世界各地のニシン料理も詳述。　２２００円

（価格は税別）

ジンの歴史 《「食」の図書館》

レスリー・J・ソルモンソン著　井上廣美訳

オランダで生まれ、イギリスで庶民の酒として大流行。やがてカクテルのベースとして不動の地位を得たジン。今も進化するジンの魅力を歴史的にたどる。新しい動き「ジン・ルネサンス」についても詳述。　２２００円

バーベキューの歴史 《「食」の図書館》

J・ドイッチュ／M・J・イライアス著　伊藤はるみ訳

たかがバーベキュー。されどバーベキュー。火と肉だけのシンプルな料理ゆえ世界中で独自の進化を遂げたバーベキューは、祝祭や政治等の場面で重要な役割も担ってきた。奥深いバーベキューの世界を大研究。　２２００円

トウモロコシの歴史 《「食」の図書館》

マイケル・オーウェン・ジョーンズ著　元村まゆ訳

九千年前のメソアメリカに起源をもつトウモロコシ。人類にとって最重要なこの作物がコロンブスによってヨーロッパへ伝えられ、世界へ急速に広まったのはなぜか。食品以外の意外な利用法も紹介する。　２２００円

ラム酒の歴史 《「食」の図書館》

リチャード・フォス著　内田智穂子訳

カリブ諸島で奴隷が栽培したサトウキビで造られたラム酒。有害な酒とされるも世界中で愛され、現在では多くのカクテルのベースとなり、高級品も造られている。多面的なラム酒の魅力とその歴史に迫る。　２２００円

ピクルスと漬け物の歴史 《「食」の図書館》

ジャン・デイヴィソン著　甲斐理恵子訳

浅漬け、沢庵、梅干し。日本人にとって身近な漬け物は、古代から世界各地でつくられてきた。料理や文化としての発展の歴史、巨大ビジネスとなった漬け物産業、漬け物が食料問題を解決する可能性にまで迫る。　２２００円

（価格は税別）

ジビエの歴史　《「食」の図書館》

ポーラ・ヤング・リー著　堤理華訳

古代より大切なタンパク質の供給源だった野生動物の肉ジビエ。やがて乱獲を規制する法整備が進み、身近なものではなくなっていく。人類の歴史に寄り添いながらも注目されてこなかったジビエに大きく迫る。　**２２００円**

牡蠣の歴史　《「食」の図書館》

キャロライン・ティリー著　大間知 知子訳

有史以前から食べられ、二千年以上前から養殖もされてきた牡蠣をめぐって繰り広げられてきた濃厚な歴史。古今東西の牡蠣料理、牡蠣の保護、「世界の牡蠣産業の救世主」日本の牡蠣についてもふれる。　**２２００円**

ロブスターの歴史　《「食」の図書館》

エリザベス・タウンセンド著　元村まゆ訳

焼く、茹でる、汁物、刺身とさまざまに食べられるロブスター。日常食から贅沢品へと評価が変わり、現在は人道的に息の根を止める方法が議論される。人間の注目度にふりまわされるロブスターの運命を辿る。　**２２００円**

ウオッカの歴史　《「食」の図書館》

パトリシア・ハーリヒー著　大山晶訳

安価でクセがなく、汎用性が高いウオッカ。ウォッカはどこで誕生し、どのように世界中で愛されるようになったのか。魅力的なボトルデザインや新しい飲み方についても解説しながら、ウォッカの歴史を追う。　**２２００円**

キャベツと白菜の歴史　《「食」の図書館》

メグ・マッケンハウプト著　角敦子訳

大昔から人々に愛されてきたキャベツと白菜。育てやすくて栄養にもすぐれている反面、貧者の野菜とも言われてきた。キャベツと白菜にまつわる驚きの歴史、さまざまな民族料理、最新事情を紹介する。　**２２００円**

（価格は税別）